Mit dem Hund
spielen und trainieren

AUTORIN: KATHARINA SCHLEGL-KOFLER | FOTOGRAF: OLIVER GIEL

Inhalt

50 Erziehung und Kondition

Extras

Spiel und Spaß

Sie spielen gerne mit Ihrem Hund? In diesem Buch finden Sie viele Anregungen und Ideen, um mit Ihrem Vierbeiner viel Spaß zu haben. Und Sie werden sehen: Ihr Hund bringt die besten Voraussetzungen dafür mit. Wenn auch Sie Ihren Teil beitragen und beide ein paar Regeln beachten, kann der Spaß losgehen!

Lernen durch Spielen

Gespielt wird im Tierreich häufig – auf diese Weise lernen Tiere, flexibel auf die jeweiligen Anforderungen ihres Lebensraumes zu reagieren. Das gilt aber nur für höher entwickelte Arten. Denn ihr Verhalten in bestimmten Situationen ist nicht von Geburt an starr festgelegt. So manche Fertigkeiten werden erst im Spiel eingeübt und verfeinert. Das trifft beispielsweise beim Wolf zu, und natürlich auch beim Hund. Spielen dient nicht in erster Linie dazu, Spaß zu haben, sondern hat einen durchaus ernsthaften Hintergrund. Die Welpen von Wolf und Hund lernen im gemeinsamen Spiel den Umgang mit ihren Artgenossen.

Es hilft ihnen, die Signale des anderen richtig zu deuten. Doch das ist nicht alles. Beim Spielen wird die Umwelt erkundet und alles Mögliche ausprobiert. Das trainiert Muskulatur, Skelett und Organe und fördert Koordination und Geschicklichkeit.

Bei Wolf und Hund

In der Natur spielen meist Jungtiere und »junge Erwachsene« miteinander. Wenn die Eltern zum Spielpartner werden, erziehen sie den Nachwuchs auch immer gleich mit. Ob sich Ältere an Spielen beteiligen, hängt neben Lust und Laune auch von ihrer Nahrungssituation ab. In kargen Zeiten müssen die Tiere mit ihrer Energie haushalten, denn die brauchen sie dann unbedingt, um auf der Jagd erfolgreich zu sein.

Alle Hundewelpen haben von Natur aus einen ausgeprägten Spieltrieb. Durch die Domestikation bleiben sie aber auch später auf einer »kindlicheren« Stufe als ihr wilder Verwandter, der Wolf. Deshalb spielen Hunde oft noch im hohen Alter sehr gerne. Außerdem geht der Hund eine enge Beziehung zum Menschen ein. Diese Dinge machen intensives Spiel zwischen Mensch und Hund erst möglich.

Spielen und trainieren – warum?

Wir Menschen träumen oft vom »süßen Nichtstun«. Aber mal ehrlich – glauben Sie wirklich, dass es Ihnen auf die Dauer gefallen würde, nie mehr etwas tun zu müssen? Nur noch auf dem Sofa zu liegen, zweimal am Tag eine Runde spazieren zu gehen und Ihr Essen fertig hingestellt zu bekommen? Das wäre früher oder später ziemlich langweilig, und Sie würden höchstwahrscheinlich unausgeglichen und missmutig werden.

Hunde wollen gefordert werden

Bei Ihrem Hund ist das nicht anders. Als umsorgtes Heimtier hat er anders als seine wilden Verwandten keine Aufgaben mehr. Wölfe müssen auf die Jagd gehen, Gefahren überstehen, ihre Jungen aufziehen, ihre soziale Ordnung aufrecht erhalten usw. Und unsere Hunde? Mit Welpen und Junghunden wird meist noch viel gespielt, später nimmt das oft ab. Man freut sich, wenn der Hund Artgenossen trifft, wirft ihm vielleicht ab und zu einen Ball und nimmt ihn zum Wandern mit. Aber wirklich gefordert, vor allem mental, werden viele Hunde nicht. Vielleicht denken Sie, das sei nicht nötig, weil der Hund andere Bedürfnisse als seine wilden Verwandten hat. Das stimmt natürlich. Doch die meisten Hunderassen wurden für bestimmte Aufgaben gezüchtet. Besondere Eigenschaften und eine oft große Leistungsbereitschaft sind ihnen angeboren.

»Arbeitslose« Hunde

Heute werden viele Hunde nicht mehr wegen ihres ursprünglichen Verwendungszwecks angeschafft, sondern einfach als Haustiere gehalten. So trifft man vielerorts auf passionierte Jagdgebrauchshunde, spezialisierte Hütehunde, Wach- und Schutzhunde, die als »arbeitslose« und häufig unterforderte Begleithunde gehalten werden. So mancher dieser Vierbeiner fristet sein Dasein auch noch an der Leine, weil er sonst jagen geht, Autos und Jogger »hütet« oder Leute verbellt.

Spielen ist auch für Wolfswelpen Lernen und Fitnessprogramm, zudem fördert es den Zusammenhalt.

Aber auch wenn Ihr Vierbeiner keiner solchen Rasse angehört, möchte er etwas erleben. Denn die meisten Hunde sind lernfreudig und neugierig.

Bindung festigen

Viele Hundehalter stellen frustriert fest, dass sich ihr Vierbeiner unterwegs kaum für sie interessiert. Er hört nicht, wenn man ihn ruft. Taucht ein Artgenosse auf, startet er durch. Oder er ist die ganze Zeit am Schnüffeln. Das lässt sich leicht ändern. Wie? Häufig liegt es nur daran, dass Ihr Hund zu wenig mit Ihnen erlebt. Bieten Sie ihm also interessante Alternativen! Gemeinsames Erleben verbindet. Sie werden für Ihren Hund »wertvoller«, und er wird sich viel mehr an Ihnen orientieren. Gehen Sie also in nächster Zeit besser dort spazieren, wo Sie keine anderen Hunde treffen. Seien Sie stattdessen der »Animateur« für Ihren Hund. Und das gilt nicht nur für unterwegs. Spiel und Beschäftigung sollten auch in Haus und Garten regelmäßig auf Ihrem Programm stehen. Wie ein solches »Animationsprogramm« aussehen kann, erfahren Sie in den nächsten Kapiteln. Eines sollten Sie dabei bedenken – Qualität geht vor Quantität.

Gehorchen leicht gemacht

Das Spielen mit Ihrem Hund hilft auch, ihn zu erziehen. Fliegt beispielsweise sein geliebter Ball nicht, solange er bellt, sondern erst, wenn er sich setzt oder ins Platz legt? Dann wird Ihr Hund diese Signale rasch und gern befolgen. Gleichzeitig lernt er, Kläffen führt nicht zum Erfolg. Es liegt also an Ihnen: Sie können Spiele so einsetzen, dass Sie erwünschtes Verhalten fördern und Unerwünschtes abbauen. Oft wird in reizintensiven Situationen, also zum Beispiel wenn etwas fliegt, gespielt. Dadurch lernt Ihr Vierbeiner ganz nebenbei, auch

Hunde sind neugierig, sie lieben das gemeinsame Tun und wollen gefordert werden. Das tut der Mensch-Hund-Beziehung gut und macht Spaß.

dann auf Sie zu hören, wenn er abgelenkt ist. Sie werden sehen – das wirkt sich auch positiv auf ähnliche Situationen im Alltag aus.

Energie kanalisieren

Beschäftigung macht müde, Konzentration genauso wie bewegungsintensive Spielideen. Ideal ist es, Konzentration und Bewegung zu kombinieren. Durch gezielte Beschäftigung kann Ihr Hund seine Energie dort abbauen, wo es für ihn und für Sie positiv und nützlich ist. Keine Sorge, Sie brauchen dafür nicht mehr Zeit! Im Gegenteil, es dauert länger, einen Hund durch einen Spaziergang auszulasten als durch ein entsprechendes Spiel. Wenn ich mit meiner Hündin eine halbe Stunde konzentriert Apportieren trainiere, ist das so viel, wie wenn ich mit ihr mindestens eine Stunde spazieren gehe. Doch Spaß macht es ihr und mir erheblich mehr!

Spielregeln für den Hundehalter

Das Spielen mit Ihrem Hund soll Spaß machen, klar. Doch es soll auch sinnvoll sein. Deshalb ist es wichtig, dass Sie als Hundehalter ein paar Spielregeln kennen und folgende Punkte beachten.

Welcher Typ ist Ihr Hund?

Sie haben in diesem Buch die Wahl zwischen verschiedenen Spielideen. Aber nicht jedes Spiel passt für jeden Hund. Bemühen Sie sich deshalb, Ihren Vierbeiner möglichst gut einzuschätzen. Was für ein Typ ist er? Bringt er gerne Bälle oder andere Dinge?

Oder hat er ständig die Nase am Boden? Beobachtet er Sie oft interessiert oder geht er lieber eigener Wege? Liebt er Leckerchen mehr als Spielzeug – oder ist es umgekehrt? Ist er eher sanft oder mag er am liebsten Zerrspiele? Gerät er dabei womöglich zu stark außer Rand und Band? Ist Ihr Hund von Natur aus neugierig oder kann man ihn nur schwer für etwas begeistern? Bewegt er sich gerne oder ist er eher der bequeme Typ? Lernen Sie seine Stärken und Schwächen kennen. Dann finden Sie bestimmt umso leichter die passenden Spielideen.

Mit spannenden Bewegungen und einem entsprechenden Hörzeichen können Sie dem Hund den Spielbeginn signalisieren.

Werden Sie kreativ!

In diesem Buch finden Sie einige Anregungen für Spiele – aber es gibt noch viel mehr! Nehmen Sie mal die Umgebung, in der Sie mit Ihrem Hund unterwegs sind, genauer unter die Lupe. Sicher ergibt sich die eine oder andere Gelegenheit, aus der sich ohne großen Aufwand etwas machen lässt.

Sie sind der »Boss«

Wann und wie lange gespielt wird, bestimmen in der Regel Sie, nicht Ihr Hund. Wenn Sie immer der reagierende Partner sind, ist das Spiel für ihn nichts Besonderes. Darf er hingegen nicht frei über Sie verfügen, wird das Spielen interessanter. Wie strikt Sie diese Regel einhalten, hängt davon ab, welcher Typ Ihr Hund ist. Sind Sie sowieso das Wichtigste in seinem Leben und »klebt« er geradezu an Ihnen? Dann macht es nichts, wenn Sie auch mal auf seine Spielaufforderungen eingehen. Oder ist er eher der unabhängigere Typ? Dann achten Sie darauf, ihn mehr von sich »abhängig« zu machen.

Körpersprache und Stimme

Fordern Sie Ihren Hund zum Spielen auf, machen Sie ihm immer die dazugehörige Stimmung klar. Das »Werkzeug« dafür ist Ihre Körpersprache und Stimme. Verstecken Sie zum Beispiel ein Leckerchen in einer Papprolle, untermalen Sie das mit

einer spannenden Stimme und »geheimnisvollen« Bewegungen. Möchten Sie, dass er Ihnen seinen Ball bringt, feuern Sie ihn mit motivierender Stimme an und laufen von ihm weg. Den Spielbeginn können Sie mit einem bestimmten Hörzeichen verbinden. Wenn ich zu meiner Hündin mit Spannung in der Stimme »Spielen« sage, dann weiß sie Bescheid: Wir machen jetzt gleich ein Zerrspiel oder Ähnliches. Sie ist sofort in Spielstimmung. Genauso funktioniert das bei Beschäftigungen, die mehr in Richtung »Arbeit« und Konzentration gehen, etwa dem Apportieren. Meine Hündin erkennt bereits an dem, was ich einpacke, was folgt, und weicht nicht mehr von meiner Seite. Bald werden Sie das in ähnlicher Form bei Ihrem Hund feststellen.

Vor dem Spiel wartet der Hund gespannt, aber gehorsam, bis sein Mensch das Startsignal gibt.

Spielregeln für den Hund

Die Spielregeln für den Hundehalter kennen Sie jetzt. Doch es gibt auch ein paar Voraussetzungen beim Hund, die Sie beachten sollten. Dann wird das gemeinsame Spiel bestimmt ein Erfolg.

Körperbau Gespielt wird, was zum Körperbau Ihres Hundes passt. Es sieht natürlich spektakulär aus, wenn ein Vierbeiner ein Frisbee aus der Luft holt. Für einen leichten Hund mit zierlicherem Knochenbau ist das in Ordnung. Für massigere Hunde oder bei schwerem Körperbau ist dieses Spiel nicht geeignet. Ähnlich ist es mit dem Laufen am Fahrrad. Zumindest für längere Strecken scheiden schwerer gebaute Hunde aus. Kurze Strecken bei langsamem Tempo kann man mit den meisten Hunden zurücklegen.

Alter Welpen und Junghunde sollten nicht bzw. nicht häufig und nicht hoch springen. Vor allem bei größeren Hunden können Überforderungen im jungen Alter zu Problemen mit Bändern und Gelenken führen. Die meisten Hunde sind erst mit gut einem Jahr ausgewachsen und voll belastbar. Der ältere Hund ist weniger beweglich. Jetzt sind ruhigere Spiele angesagt. Wann ein Hund »alt« ist, ist verschieden. Manche lassen in ihrer Beweglichkeit und Aktivität schon mit sechs Jahren spürbar nach, andere sind noch mit zehn Jahren fit.

Konzentrationsfähigkeit Auch sie ist nicht bei jedem Hund gleich. Welpen und Junghunde können sich noch nicht lange konzentrieren, auch beim alten Hund lässt diese Fähigkeit sowie das Hör- und Sehvermogen wieder nach.

Gesundheit Denken Sie bei der Auswahl der Spiele auch an die Gesundheit Ihres Hundes. Hunde mit Skeletterkrankungen, etwa Spondylosen oder Hüftgelenks- (HD) und Ellenbogendysplasie (ED), dürfen je nach Ausprägung manche Bewegungen wie Springen oder starkes Abbremsen nicht machen. Vor allem bei HD und ED können sie trotz Erkrankung zunächst beschwerdefrei sein. Durch Überbelastung könnte sich das aber rasch ändern. Verschiedene Skeletterkrankungen sind bei Hunden in

Auch ein älterer Hund möchte noch beschäftigt werden. Passen Sie Spiele jedoch seinen veränderten körperlichen Fähigkeiten an.

Ein schlanker Vierbeiner mit leichterem Körperbau und gesunden Gelenken liebt actionreiche Bewegungsspiele. Aber überfordern Sie ihn nicht.

Für schwerer gebaute oder übergewichtige Hunde, während der Trächtigkeit oder bei Gelenkproblemen sind ruhigere Beschäftigungsideen besser.

jedem Alter möglich, nicht nur bei schon betagten Vierbeinern. Beim älteren Hund können aber natürlich altersbedingte Einschränkungen durch Verschleiß auftreten. Erste Anzeichen sind möglicherweise, dass der Hund nicht mehr so leicht aufstehen oder sich hinlegen kann. Vielleicht hat er auch plötzlich einen steiferen Gang. Achten Sie also gut auf diese Anzeichen. Auch innere Erkrankungen, wie zum Beispiel Herzfehler oder altersbedingte Herzschwäche, müssen Sie bei der Auswahl der Spiele berücksichtigen. Selbstverständlich sollte sein, dass man auf verletzungsbedingte Einschränkungen Rücksicht nimmt.

Grundgehorsam Bei vielen Spielen und Beschäftigungsideen ist ein gewisser Grundgehorsam bei Ihrem Hund wichtig. Dass er beispielsweise prompt reagiert, wenn Sie ihn zu sich rufen. Kommt er bereits ohne Beute zuverlässig auf Ruf, wird das auch mit Ball kein großes Problem sein. Er sollte auch wenigstens kurze Zeit alleine sitzen oder liegen bleiben können. Für gemeinsame sportliche

Unternehmungen wie Joggen oder Laufen am Fahrrad ist es wiederum nützlich, wenn Ihr Vierbeiner an lockerer Leine direkt an Ihrer Seite mitläuft. Trainieren Sie daher den Grundgehorsam Ihres Hundes möglichst regelmäßig. Sie können diese Übungen zusätzlich dadurch festigen, dass Sie diese – wo immer möglich – in das Spiel einbauen.

Gutes Benehmen Spielen ist immer auch Lernen. Deshalb sollte sich Ihr Hund dabei »benehmen« können. Zwicken in die Haut oder Zerren an der Kleidung sind tabu. Will der Vierbeiner beim Zerrspiel seine Beute stets in Sicherheit bringen und sie vielleicht wild knurrend verteidigen? Das ist ein untrügliches Zeichen dafür, dass Sie ihn zu sehr gepuscht haben oder Spiele dieser Art für ihn eher nicht geeignet sind. Oder Sie haben ein Spielzeug oder Bringsel (Apportel) in der Hand und beenden das Spiel gerade bzw. haben es noch nicht begonnen? Dann sollte es kein Problem sein, dass der Hund das akzeptiert, ohne Ihnen den Gegenstand ständig aus der Hand reißen zu wollen.

Was beim Training sonst noch wichtig ist

Prüfen Sie Spielgegenstände und Umgebung auf eventuelle Verletzungsrisiken. Achten Sie darauf, dass von Hindernissen wie zum Beispiel umgestürzten Baumstämmen nichts absteht, woran sich der Hund beim Springen verletzen könnte. Soll er balancieren, dann nur knapp über dem Boden oder auf entsprechend breitem und festem Untergrund.

Der richtige Untergrund Vermeiden Sie beim Spielen glatten Boden und beim Springen auch zu harten Boden wie Asphalt oder gefrorenen Untergrund. Rutscht der Hund häufiger aus oder ist der Boden steinhart, werden Bänder und Knochen überlastet.

Im und am Wasser Vorsicht an Gewässern. Achten Sie darauf, dass sich unter der Wasseroberfläche nichts Spitzes oder Hartes befindet und auch nichts aus dem Wasser ragt. Wächst im Wasser Gestrüpp, nehmen Sie dem Hund das Halsband ab, damit er nirgends hängen bleibt. Das gilt auch, falls Sie ihn zum Suchen in bewachsenes Gebiet schicken.

Tageszeit und Wetter Berücksichtigen Sie die Temperatur. Ist es sehr warm, vermeiden Sie körperliche Anstrengung für den Hund. Bewegungsintensive Tätigkeiten verlegen Sie besser auf den kühleren Morgen oder den Abend. Beginnen Sie diese Beschäftigungen nicht von null auf hundert, sondern lassen Sie den Hund zunächst einfach laufen, damit sich der Körper darauf einstellen kann.

Genug Flüssigkeit Körperliche Anstrengung, aber auch hohe Konzentration macht durstig. Vor allem natürlich, wenn es warm ist. Nehmen Sie daher für unterwegs gegebenenfalls Wasser für Ihren Hund mit. Zu Hause sollte ihm ständig frisches Wasser zur Verfügung stehen.

Nicht nach dem Fressen Planen Sie actionreiche Spiele mit dem Hund so, dass er nie mit vollem Magen tobt. Warten Sie nach der Fütterung mindestens eine Stunde oder verlegen Sie den gemeinsamen Spaß auf die Zeit vor der Fütterung. Sonst besteht besonders bei großen Rassen die Gefahr einer lebensbedrohlichen Magendrehung.

Andere nicht stören Nehmen Sie beim Spiel mit Ihrem Hund Rücksicht auf andere. So tragen Sie zu einer Verbesserung des häufig angekratzten Images von Hundebesitzern bei. Wenn Sie einen Ball oder ein Frisbee werfen, dann achten Sie darauf, wo das Wurfobjekt landet. Werfen Sie außerdem so, dass der Hund nicht mit Karacho auf andere Leute zurennt, wenn er seinen Ball holen möchte. Leicht kann sich dadurch jemand erschrecken, auch wenn der Hund nur zu seinem Ball läuft.

Konzentration und Bewegung machen durstig, besonders wenn es warm ist. Nehmen Sie für unterwegs Wasserflasche und Napf mit.

Vorsicht bei Joggern oder Radfahrern. Holen Sie Ihren Hund rechtzeitig zu sich, damit es keine Kollision gibt. Bellt Ihr Hund gerne beim Spiel? Meiden Sie Gebiete, in denen Erholungsuchende die Ruhe genießen möchten.

Trimmpfade Sie haben oft nette Stationen, an denen auch Ihr Hund etwas tun kann. Aber nur dann, wenn gerade keine Sportler aktiv sind.

Achtung, Wildtiere Sie sind in Wald und Feld unterwegs und möchten Ihrem Hund etwas zum Suchen auslegen? Vermeiden Sie unbedingt Gebiete, in denen Wild unterwegs sein könnte. Vor allem im Frühjahr zur Setz- und Brutzeit findet man dort Kitze, Hasen und Jungvögel. Lassen Sie den Hund höchstens in einem kleinen Bereich am Wegrand suchen. Im Zweifelsfall aber besser gar nicht, wenn sein Jagdinstinkt stärker ausgeprägt ist als sein Gehorsam. Wild darf nicht beunruhigt werden. Vor allem im Winter verliert es sonst unnötig Energie und wird geschwächt. Sensible Gebiete sind auch Schilfgürtel an Teichen und Seen.

Vorschriften einhalten Halten Sie sich an Vorschriften. Wenn Leinenzwang besteht, zum Beispiel in Naturschutzgebieten, dann richten Sie sich bitte danach. Kürzlich habe ich zwei Hundehalterinnen beobachtet, die trotz Leinenzwangs mit ihren unangeleinten Hunden über eine Wiese liefen, auf der auch noch frisch gemähtes Gras lag. Ein solches Verhalten trägt sicher nicht zu mehr Toleranz gegenüber Hundehaltern bei. Lassen Sie Ihren Hund nicht dort ins Wasser, wo Badegäste liegen. In der Regel weisen Schilder auf offizielle Badegewässer hin. Dort herrscht Hundeverbot. An der Küste können Sie spezielle Hundestrände für das gemeinsame Spiel nutzen. Auch kleinere Flüsse oder Bäche sind meist gut zugänglich. Vorsicht bei Glasscherben am Ufer und auf Kiesbänken!

So **lernt der Hund** besser

TIPPS VON DER HUNDE-EXPERTIN
Katharina Schlegl-Kofler

MOTIVATION Bringt dem Hund ein Verhalten einen Vorteil (Häppchen, Zuwendung, Erreichen eines Zieles), steigt seine Bereitschaft, es wieder zu zeigen. Lohnt sich ein Verhalten nicht, weil es konsequent nicht zum Erfolg führt, wird es früher oder später aufgegeben.

STRAFEN Verhalten wird auch durch negative Folgen beeinflusst. Wird dem Hund etwas entzogen, nennt man das »negative Strafe«. Beispiel: Der Hund soll sich setzen, bevor der Ball fliegt. Er setzt sich nicht, der Ball verschwindet in der Tasche. Wird ein unangenehmer Reiz hinzugefügt, ist das eine »positive« Strafe. Beispiel: Der Hund zwickt im Spiel in die Hand, es folgt ein Griff über die Schnauze.

SIGNALE Damit der Hund ein Hörzeichen lernt, wird die jeweilige Aktion damit verknüpft. Anfangs gibt man das Hörzeichen erst dann, wenn der Vierbeiner die Aktion zeigt. Beispiel: Sie animieren den Hund zum ersten Mal, über ein Hindernis zu springen. Das Hörzeichen »Hopp« kommt erst, wenn er schon im Sprung ist.

Spielzeuge und Leckerchen

Dummy

Solche »Apportier-
säckchen« aus Segel-
tuch oder Kunststoff gibt es
in verschiedenen Farben, Größen und Gewichten im Zoofachhandel.
Die meisten schwimmen auch. Man
verwendet sie zum Werfen (dabei
hilft der Griff), aber auch zum
Auslegen bei Bring- und
Suchspielen.

Kong an der Schnur

Kongs oder Bälle an
der Schnur fliegen sehr gut,
Hunde kauen auch gern darauf herum. Der
Kong bewegt sich nach der Landung in nicht
vorhersehbarem Zickzack weiter, was das
Fangen noch spannender macht. Füllt man
ihn zum Beispiel noch mit Streichwurst
oder ähnlich Leckerem, wird er rasch
zur geliebten »Beute«. Erhältlich
ist er in verschiedenen
Größen.

Ziehtau

Diese bunten Spieltaue
sind bei vielen Hunden beliebt.
Sie eignen sich gut für Zerrspiele,
man kann sie aber auch werfen
und verstecken. Es gibt sie verschieden dick und in unterschiedlichen
Längen. Vorsicht – wasser-
tauglich sind sie aber
nicht.

Leckerchen

Sie sind Belohnung
für eine gelungene Übung oder
können helfen, sich etwas zu trauen. Wichtig ist, dass sie für den Hund etwas Besonderes sind. Für den einen reicht ein normales Hundeleckerchen, der andere strengt
sich nur für gekochtes Hühnchen oder
Käsestückchen an. Wichtig: Häppchen gibt es nur, wenn der Hund
etwas »geleistet« hat.

Futterdummy

Damit macht man fast jedem
Vierbeiner das Bringen schmackhaft. Das Futterdummy wird mit
leckeren Happen gefüllt. Bringt es der
Hund, gibt es daraus die Belohnung. Man kann
es werfen und verstecken. Anfangs kann es noch
mit einer langen Leine gesichert werden, falls der
Hund versucht, es zu öffnen. Futterdummys gibt
es in unterschiedlichen Größen und Ausführungen im Zoofachhandel. Wichtig ist,
dass der Hund hungrig ist, damit er
die Happen auch wirklich
haben möchte.

Futterball

Mit ihm kann sich der Hund
selbst beschäftigen. Er wird mit kleinen Leckerchen gefüllt, die nach und
nach herausfallen, wenn der Vierbeiner
den Ball hin und her bewegt. Es gibt
nicht nur Bälle, sondern auch Würfel,
Snackknochen und andere Dinge.

Wie Sie Ihren Hund richtig motivieren

Spielen ist für spielfreudige Hunde schon so etwas wie eine Belohnung. Sie brauchen Ihren Hund dafür also nicht extra zu belohnen. Doch Sie können das Spiel selbst als Belohnung einsetzen. Lassen Sie es auf eine gelungene Übung, zum Beispiel eine Fährtensuche oder Clickertraining, folgen.

Spielend lernen und üben

Spielen bedeutet aber auch »Üben«, etwa bei Geschicklichkeits-, Such- oder Konzentrationsspielen. Dazu brauchen Sie, je nach den Vorlieben Ihres Hundes, Spielzeug oder Leckerchen.

Spielen mit Objekten

Ein Korb voller ständig verfügbarer Spielsachen ist für jeden Hund bald langweilig. Vor allem dann, wenn sich jederzeit ein Partner findet oder sich etwas anderes Interessantes bietet. Wir möchten dagegen, dass unser Hund begeistert mit uns spielt! Das Spiel soll für ihn so toll sein, dass er möglichst alles andere liegen und stehen lässt. Erst dann ist das Spiel wirklich wertvoll. Und dann können Sie es auch »erzieherisch« einsetzen – zum Beispiel als Belohnung für eine gelungene Übung, um den Hund abzulenken oder als Möglichkeit zur Festigung der Bindung. Wie das geht? Mit ein paar Grundregeln:

Weniger ist mehr Es reicht, wenn der Hund ein bis zwei Spielzeuge hat, mit denen er sich allein beschäftigen kann.

Lieblingsspielzeug wegräumen Besonders beliebtes Spielzeug räumen Sie nach Gebrauch weg. Holen Sie es erst dann wieder hervor, wenn Sie mit Ihrem Hund spielen möchten. Anschließend verschwindet es wieder.

Achten Sie auf den Spieltrieb

Nicht jeder Hund spielt gleich gern. Deshalb sollten Sie den Ablauf und die Dauer beim Spielen der Begeisterungsfähigkeit Ihres Hundes anpassen.

Nicht übertreiben Wie schon erwähnt, sollte Ihr Hund beim Spielen nicht überdrehen. Dosieren Sie

Nach dem Spiel wird das Spielzeug weggepackt. Denn nur, wenn Sie es gezielt einsetzen, wird es für den Hund wirklich interessant.

also Ihren Einsatz entsprechend. Damit er erkennt, wann Schluss ist, führen Sie ein Hörzeichen beim Beenden des Spiels ein. Sie können zum Beispiel »fertig« oder »Ende« sagen.

Erfolgserlebnis Geht es darum, eine »Beute« zu erwischen (etwa beim Zerrspiel) oder zu suchen, dann darf sich ein ausdauernder Hund durchaus länger anstrengen. Einer, der schneller die Lust verliert, sollte aber rasch zum Erfolg kommen, damit er auch nächstes Mal motiviert ist.

Motivieren mit Leckerchen

Die meisten Hunde lieben Leckerchen. Daher sind sie sehr zum Motivieren geeignet. Sie lassen sich gut in Such-, Geschicklichkeits- und Konzentrationsspiele integrieren. Doch auch hier gilt: Hund ist nicht gleich Hund.

Trockenfutter Sehr gefräßige Hunde lassen sich fast immer und durch einfache Häppchen, etwa Trockenfutterpellets, motivieren.

Spezialitäten Bei anderen Hunden wirken diese normalen Happen nur, wenn keine Ablenkung in der Nähe ist. In diesem Fall greifen Sie zu Exklusiverem, etwa gekochtem Hühnchenfleisch, Käsestückchen und Ähnlichem.

Abwechslung Auch bei sehr mäkeligen Hunden finden sich meist geeignete Häppchen, wenn Sie das Sortiment Ihres Zoofachhändlers oder eventuell auch Ihres Metzgers durchprobieren. Manchmal hilft es, nicht immer die gleichen Leckerchen zu geben.

Appetit Ihr Hund sollte natürlich Appetit haben. Die Mahlzeit davor also entweder kürzen oder auch mal ganz ausfallen lassen, wenn man kompliziertere Übungen vorhat. Je größer der Hunger ist, umso reizvoller ist die Aussicht auf die Belohnung. Durch die hohe Motivation wird auch die damit verbundene Übung zum Highlight.

Erwartungsvoll schaut dieser Vierbeiner auf den Ball. Sind für einen Hund Leckerchen und Spielzeug gleich interessant, wechseln Sie einfach ab.

Clicker als sekundärer Verstärker

Leckerbissen und Spielzeug haben für Hunde von Natur aus belohnende Wirkung. Deshalb nennt man sie primäre Verstärker. Koppelt man einen primären Verstärker (meist Futter) eine Zeit lang mit einem für den Hund zunächst bedeutungslosen Reiz, wird dieser zur Belohnung. Ein solcher Reiz kann auch ein Geräusch oder Wort sein. Weil der Reiz erst durch die Koppelung zum Verstärker wird, ist er ein sekundärer Verstärker. Im Hundetraining ist das der »Clicker«. Der Hund wird darauf konditioniert, indem man den Clicker betätigt und unmittelbar darauf (wichtig!) dem Hund ein Häppchen gibt. Das macht man etwa 15-mal nacheinander in zwei bis drei »Sitzungen«. Dann ist das Geräusch des Clickers für den Hund zur Belohnung geworden. Damit kann man ihn auch auf Entfernung und genau im richtigen Moment belohnen (→ auch Seite 30).

Gehirnjogging

Gehirnjogging für den Hund macht Spaß und erweitert seinen Horizont. Kombiniert mit kleinen Geschicklichkeitsübungen werden zusätzlich Koordination und Beweglichkeit geschult. Auch für Sie ist es ausgesprochen interessant: Sie beobachten, wie sich Ihr Vierbeiner verhält und wie er die Aufgaben löst.

Die richtigen Voraussetzungen fürs Training

Geschicklichkeit und Konzentration Ihres Hundes können Sie im Haus, im Garten und unterwegs trainieren. Unterwegs nutzen Sie die Gegebenheiten des Geländes. In Haus und Garten lässt sich mit wenigen Gegenständen abwechslungsreiches Equipment basteln. Damit können Sie Ihren Vierbeiner, zum Beispiel bei »Hundewetter«, auch zu Hause beschäftigen. Die bewegungsärmeren Varianten eignen sich für alle Hunde, besonders für ältere, aber auch für Welpen und Junghunde. Oder für den Fall, dass Ihr Vierbeiner krankheitsbedingt Tobe- und Laufverbot hat. Übungen mit Springen und Balancieren passen Sie bitte Ihrem Hund an. Beginnen Sie am besten mit einfacheren Variationen und kürzeren Übungseinheiten. Dann überfordern Sie Ihren Hund nicht gleich. Ein Tunnel zum Durchkriechen oder ein Brett zum Balancieren sollte zum Beispiel nicht sofort etliche Meter lang sein, sondern anfangs lieber relativ kurz. Der Hund muss ja auch erst mal erkennen, worum es geht.

Motivation ist wichtig

Die Beschäftigung soll dem Hund schließlich Spaß machen und ihm nützen. Üben Sie deshalb möglichst nur solche Dinge mit ihm, die er von sich aus mitmacht. Oder Sie »überzeugen« ihn mithilfe positiver Motivation durch Belohnungshäppchen oder Spielzeug. Zwingen Sie Ihren Hund zu nichts und werden Sie nicht ungeduldig. Kleinere Unsicherheiten lassen sich jedoch durch Belohnungshäppchen und entsprechenden Appetit oft überwinden. Das ist durchaus positiv. Ein kleiner Angsthase macht dann die Erfahrung, dass er die Situation meistern kann und sich sein Mut lohnt. Damit fördern Sie das Selbstvertrauen Ihres Vierbeiners. Wichtig: Belohnen Sie dabei unbedingt auch schon kleinste Erfolge.

Mit flinken Beinen im Slalom

Alle hier beschriebenen Slalomübungen erfordern gute Koordination und Aufmerksamkeit und sind deshalb nicht ganz einfach. Grundsätzlich gibt es zwei Möglichkeiten: Bei der einen besteht der Slalom zum Beispiel aus Stangen, bei der anderen kurvt der Hund durch Ihre Beine.

Slalom um Hindernisse

Das sollte der Hund können Er sollte gern mit Ihnen zusammen etwas tun. Die Grundlagen, wie zum Beispiel »Sitz«, sollte er beherrschen.
Das brauchen Sie Im Haus nutzen Sie, je nach Größe des Hundes, zum Beispiel die Beine Ihrer Stühle oder die des Tisches. Durch mehrere Stühle in einer Reihe, wird die Strecke entsprechend länger. Kinderstühle aus Plastik, mit einem Stein beschwert, umgedrehte Blumentöpfe oder mit Wasser gefüllte Kunststoffflaschen eignen sich ebenfalls. Im Garten nehmen Sie Agility-Stangen aus dem Zoofachhandel oder dickere Tomatenstangen aus dem Baumarkt bzw. Gartencenter. Unterwegs bieten sich beispielsweise Absperrpfosten an, mit denen manchmal Fuß- und Radwege sowie Parkplätze abgesperrt werden. Oder Pfosten von Zäunen, auf denen wie ein Geländer nur oben eine Latte liegt.
So klappt es Die Slalomstrecke besteht zunächst aus wenigen Elementen mit größeren Abständen. Gut ist es, wenn der Hund am Anfang der Strecke konzentriert ist. Lassen Sie Ihren Hund dazu am besten sitzen. Machen Sie ihn auf das Happchen (oder das Spielzeug) aufmerksam und halten Sie es dicht vor seine Nase. Auf diese Weise kann er ihm genau folgen. Nun führen Sie es um die Slalomhindernisse herum. Aber nicht zu schnell, sonst verfranst sich der Hund und registriert nicht mehr, worum es geht. Die Belohnung bekommt er, sobald er um das letzte Hindernis herum ist. Läuft er falsch, »fädeln« Sie ihn mittels Häppchen wieder richtig ein. Unterstützen Sie ihn gleichzeitig durch die Körpersprache: Bewegen Sie sich auf seine »Breitseite« zu, wenn er hinter dem Hindernis

Setzen Sie Ihre Körpersprache bewusst ein. Gehen Sie auf den Hund zu, zeigen Sie ihm dadurch, dass er außen um die Stange herumgehen soll.

1 SLALOM
Setzen Sie den Hund an Ihre Seite und machen ihn auf sich aufmerksam. Das Leckerchen haben Sie auch schon in der Hand.

2 ERSTER SCHRITT
Machen Sie einen Schritt nach vorne, führen Sie den Hund mit dem Happen vor der Nase durch Ihre Beine. Danach nehmen Sie diesen rasch in linke Hand.

3 ZWEITER SCHRITT
Nun ein Schritt mit dem linken Bein und der Vierbeiner wird um Ihr linkes Bein gelenkt und bekommt den Happen!

herum soll. Vergrößern Sie den Abstand dagegen, wenn er davor vorbei soll. Mit der Zeit führen Sie ein Hörzeichen ein, etwa »Sla – lom«, für jede Kurve eine Silbe. Mit zunehmendem Können verlängern Sie die Strecke durch zusätzliche Elemente und verringern die Abstände dazwischen.

Slalom durch die Beine

Das sollte der Hund können Ein guter Grundgehorsam sowie eine starke Bindung des Hundes zu Ihnen sind auch hier nützlich.

Das brauchen Sie Üben Sie auf griffigem Untergrund, damit der Hund nicht ausrutscht.

So klappt es Bei dieser Variante sind Sie Teil der Übung, denn Ihre Beine sind die Slalomstangen.

› Bei der einfacheren Variante lassen Sie Ihren Hund eine Acht um Ihre Beine laufen. Bleiben Sie mit leicht gegrätschten Beinen stehen. Nehmen Sie den Hund an Ihre linke Seite, ein Leckerchen in die rechte Hand. Halten Sie ihm dieses vor die Nase. Führen Sie ihn damit vorne um Ihr linkes Bein, dann mit der anderen Hand nach hinten um das rechte herum an Ihre rechte Seite. Anfangs nur in

eine Richtung. Haben Sie das ein paar Mal gemacht, verknüpfen Sie ein Hörzeichen damit, etwa »Acht«. Sobald Ihr Hund begriffen hat, worum es geht, dehnen Sie die Übung aus. Lassen Sie ihn die Acht fertig laufen, bis er wieder an Ihrer linken Seite ist.

› So wird es schwieriger: Beginnen Sie wieder an der linken Seite. Halten Sie ein Leckerchen in der rechten Hand. Machen Sie mit dem rechten Bein einen deutlichen Schritt nach vorn. Halten Sie dem Hund den Happen so vor die Nase, dass er zwischen Ihren Beinen durchläuft. Er landet an Ihrer rechten Seite. Nun machen Sie mit dem linken Bein einen großen Schritt. Sie haben das Häppchen in der linken Hand und locken den Hund unter Ihrem Bein durch. Das reicht fürs Erste. Kann der Hund das, kommt ein Hörzeichen hinzu, etwa »Durch« oder was Sie möchten. Verlängern Sie die Übung nun um einen weiteren Schritt, jetzt wieder mit rechts. Echte Profis schaffen es, mit großen Schritten eine längere Strecke zu gehen, während der Hund durch die Beine läuft.

› Beide Varianten können Sie natürlich auch von der rechten Seite aus üben.

Springen über und auf Hindernisse

Unterscheiden Sie beide Springvarianten durch unterschiedliche Hörzeichen. Höhere, häufigere Sprünge bitte nur mit gesunden und sportlichen Hunden üben. Niedrige, gelegentliche Sprünge sind dagegen auch für weniger aktive Vierbeiner oder solche mit leichteren Einschränkungen geeignet. Im Zweifelsfall bitte den Tierarzt fragen. Welpen dürfen höchstens auf ein kleineres Hindernis »krabbeln«, aber nicht springen.

Springen über Hindernisse

Das sollte der Hund können Er sollte »Bleib« im Sitzen können und auf Ruf zuverlässig kommen. Er sollte so gehorsam sein, dass er nur auf Erlaubnis springt, denn nicht jedes Hindernis ist geeignet.

Das brauchen Sie Zu Hause nehmen Sie zwei Stühle und legen einen Besenstiel darüber, über den ein Handtuch gehängt wird – fertig ist die Hürde. Auch einige Kartons nebeneinander ergeben ein Hindernis. Für kleinere Hunde verwenden Sie Kinderstühle, umgedrehte Blumenkästen, dicke Papprollen und Ähnliches. Auf rutschfesten Boden achten! Unterwegs bieten sich liegende Baumstämme, aber auch schmalere und für Könner breitere Wassergräben an. Auch nicht zu hohe Bretterzäune (für Könner), niedrige schmale Mauern oder niedrige Hecken aus Buxbaum oder Thuja eignen sich gut. Und achten Sie darauf, dass die »Landezone« ungefährlich ist.

So klappt es Beginnen Sie mit niedrigen Hindernissen. Setzen Sie den Hund in der Mitte, dicht und gerade davor ab. Steigen Sie über das Hindernis und bleiben nah dahinter stehen. Jetzt rufen Sie ihn. Gleichzeitig laufen Sie rückwärts weg.

› Nach einigem Üben rufen Sie zusätzlich zum Beispiel »Hopp«, während Ihr Hund im Sprung ist.

› Kann er das, lassen Sie ihn mit immer größerem Abstand vor dem Hindernis sitzen und bleiben selbst in einiger Entfernung dahinter stehen.

Ohne großen Aufwand lässt sich in der Wohnung mit ein paar Gegenständen aus Haushalt und Garten ein Hindernis zum Darüberspringen »zaubern«!

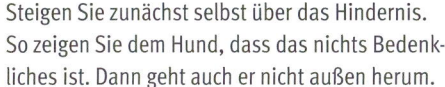

Steigen Sie zunächst selbst über das Hindernis. So zeigen Sie dem Hund, dass das nichts Bedenkliches ist. Dann geht auch er nicht außen herum.

Da er außerdem auch noch dicht und mittig davor saß, wird er ohne zu überlegen und voller Freude den direkten Weg über das Hindernis nehmen.

Wenn er zuverlässig springt, dann darf ein größerer Hund auch über höhere Hindernisse springen. Sie gehen außen herum. Ist er schon Profi, kann er auch mehrere Hindernisse »überfliegen«.

Auch so geht es Nehmen Sie den Hund an die Leine und springen Sie mit ihm gemeinsam über das Hindernis. Im Sprung geben Sie das Hörzeichen. Bei höheren Hindernissen müssen Sie außen vorbei mitlaufen.

› Anfänger springen nur über Hindernisse, die »nachgeben«, falls der Hund nicht hoch genug springt. So kann er sich nicht verletzen.

Springen auf Hindernisse

Das sollte der Hund können Ein gewisser Grundgehorsam ist nützlich. Der Vierbeiner sollte eine Zeit lang ruhig sitzen oder im Platz liegen können. Er sollte sich gern auf Sie konzentrieren. Dann lernt er, mithilfe Ihrer Körpersprache und Stimme rasch von »Action« auf Ruhe umzuschalten. Welpen müssen lediglich am Häppchen interessiert sein.

Das brauchen Sie Zu Hause eignen sich umgedrehte Betonkübel, Kindertische, Stühle, stabile umgedrehte Kartons oder abgedeckte Getränkekisten. Unterwegs nutzen Sie Baumstümpfe und Baumstämme oder große Steinbrocken.

So klappt es Beginnen Sie mit einem niedrigen, relativ großflächigen Hindernis. Stellen Sie sich darauf und animieren Sie Ihren Vierbeiner mit Häppchen oder Spielzeug, Ihnen zu folgen.

› Nach einigem Üben geben Sie, während er hinaufspringt, ein Hörzeichen, zum Beispiel »Oben« oder »Rauf«.

› Eine andere Möglichkeit ist es, ihn mit einem Leckerchen relativ nahe vor seiner Nase auf das Hindernis zu locken. Gehen Sie dazu mit ihm ganz nah heran. Der Hund bleibt oben, bis Sie die Übung mit zum Beispiel »Jetzt lauf« auflösen.

› Hat Ihr Hund bereits Routine, können Sie ihn oben sitzen, stehen oder Platz machen lassen. Je kleiner die Fläche, umso anspruchsvoller wird es, dort beispielsweise zu sitzen.

Tunneljagd und Balancierakt

Durch Tunnel zu jagen oder über etwas zu balancieren macht vielen Hunden großen Spaß. Beide
Beschäftigungen sind für alle Vierbeiner geeignet –
auch für Welpen und Hunde, die auf ihre Gelenke
achten müssen.

Tunnel-Übungen

Das sollte der Hund können Etwas Grundgehorsam ist nützlich. So gelingt es leichter, den Hund zu
konzentrieren, indem Sie ihn vor dem Tunnel sitzen
lassen. Beim Welpen ist das nicht nötig.

Das brauchen Sie Ein paar Handgriffe und Sie
haben die tollsten Tunnel. Einzelne, später mehrere
Kartons oder Stühle aneinander gestellt, schon ist
der Tunnel fertig. Über den Stuhl hängen Sie eine
Decke, damit nur vorn und hinten eine Öffnung ist.

Konzentriert und freudig balanciert der Airedale-
Terrier über die niedrige Mauer. Achten Sie
darauf, dass keine Verletzungsgefahr besteht.

Auch stabile Kriechtunnel aus dem Zoofachhandel
sind eine gute Idee. Sie lassen sich zusammen-
schieben, sodass es am Anfang nur ein kurzer Tunnel ist. Zur Eingewöhnung eignen sich auch alte
Auto-, Fahrrad- oder Hoolahoop-Reifen.

› Unterwegs nutzen Sie zum Beispiel Bänke zum
Durchkriechen oder umgeknickte Bäume. Sicher
entdecken Sie noch mehr.

So klappt es Beginnen Sie mit einem kurzen
Tunnel. Praktisch ist es, mit einem Helfer zu üben,
der den Reifen oder Tunnel festhält.

› Lassen Sie den Hund davor sitzen und halten
Sie ihm von der anderen Seite ein Leckerchen vor
die Nase. Motivieren Sie ihn durchzugehen.

› Verlängern Sie den Tunnel allmählich. Werfen Sie
als Ansporn mehrere Leckerchen hinein. So kann
sich der Hund »durchfressen«. Oder sein Spielzeug
fliegt bis ans Ende. Für Profis lassen sich auch Kur-
ven einbauen.

› Sie können auch selbst vorauskriechen. Oder
von hinten samt Leckerchen oder Spielzeug hinein-
schauen und den Hund locken. Ihr Helfer hält den
Hund vorne und verhindert, dass er seitlich vorbei
läuft. Der Vierbeiner darf aber nicht in den Tunnel
geschoben werden! Hat er verstanden, worum es
geht, fügen Sie das Hörzeichen hinzu, zum Beispiel
»Durch«.

Schwierigere Variante Meistert der Hund Tunnel
freudig, hängen Sie den Ausgang zunächst zur
Hälfte mit einem Handtuch oder Ähnlichem zu.
Läuft der Vierbeiner sicher durch, verkleinern Sie
den Ausgang nach und nach, bis er komplett ver-
hängt ist. Hier durchzulaufen, verlangt vom Hund
einiges Vertrauen.

Balancier-Übungen

Balancieren erfordert viel Konzentration und überlegte Bewegungen. Ruhigere, besonnene Vierbeiner sind hier im Vorteil. Hektischere Hunde lernen Ruhe.

Das sollte der Hund können Auch hier kann ein Grundgehorsam nur nutzen. So können Sie den Hund am Anfang der Balancierstrecke bei sich behalten und ihn sitzen lassen. Für höhere Balancierobjekte, wie beispielsweise ein dicker Baumstamm, ist es praktisch, wenn Ihr Vierbeiner auf Kommando auf ein Hindernis springen kann.

Das brauchen Sie Zu Hause funktionieren Balancierübungen am besten mit Brettern, die Sie über Getränkekisten legen. Bei kleineren Hunden legen Sie die Bretter auf stabile Kartons. Oder über alte Autoreifen. Sie können die Strecke beginnen, indem das erste Brett von Boden aus wie eine Rampe schräg aufliegt. Auch das Ende kann eine Rampe sein. Für Fortgeschrittene darf die Strecke durch mehrere Getränkekisten und Bretter auch länger sein. Sie kann zudem um Ecken führen und aus unterschiedlich breiten Brettern bestehen. Je schmaler das Brett ist, umso schwieriger ist diese Übung. Unterwegs bieten liegende Baumstämme zahlreiche Möglichkeiten. Sie sind unterschiedlich dick, haben unregelmäßige Oberflächen und liegen mal gerade und mal schräg. Auch Holzstöße eignen sich gut. Achten Sie aber darauf, dass sie fest und stabil sind. Das Holz sollte so nah beisammen liegen, dass der Hund nicht mit den Beinen dazwischen gerät oder abrutschen kann. Für Welpen bitte nur niedrige und einfache Balanciergelegenheiten nutzen!

So klappt es Führen Sie den Hund gerade auf das Balanciergerät hin. Lassen Sie ihn am besten kurz sitzen. Das Brett sollte anfangs so niedrig sein, dass der Hund losgehen kann, ohne zu springen.

Mit Kartons ist rasch ein schöner Tunnel gebaut. Wählen Sie den Karton groß genug, sodass der Hund bequem durchlaufen kann. Das macht Spaß!

› Halten Sie ihm ein Häppchen vor die Nase. So animieren Sie ihn, langsam Schritt für Schritt zu gehen. Am Ende der Strecke, während er noch auf dem Brett oder Baumstamm steht, bekommt er das Häppchen.

› Für sehr lebhafte oder auch schüchterne Vierbeiner steigern Sie die Motivation. Legen Sie dafür mehrere Leckerchen auf das Brett, in gewissen Abständen vom Startpunkt bis zum Ende. Sie selbst gehen während der Übung ganz ruhig und nahe am Hindernis mit.

› Einen gelassenen, sich gut konzentrierenden Hund können Sie nach einigem Üben unterwegs auch mal sitzen lassen oder ins Platz legen.

› Je schmaler das Balancierteil ist, umso anspruchsvoller ist die Übung. Auch hier führen Sie ein Hörzeichen ein, etwa »Steg«, sobald der Hund weiß, worum es geht.

Spiele mit Leckerchen und Wasser

Wenn Ihr Hund Appetit hat, wird er Spiele mit Leckerchen lieben. Sie sind für alle Hunde geeignet.

Im Trockenen

Das sollte der Hund können In erster Linie muss er hungrig sein. Außerdem sollte er »Sitz« oder »Platz« beherrschen.

Das brauchen Sie Zu Hause nehmen Sie leere Küchenpapierrollen, Kartons oder Joghurtbecher. Außerdem etwas Papier und die Happen. Im Zoofachhandel gibt es spezielle Futterbälle. Unterwegs bieten sich Laub- oder Reisighaufen an.

So klappt es Lassen Sie Ihren Hund zuschauen. Verstecken Sie mit spannender Stimme ein oder mehrere Häppchen in der Rolle und stopfen Sie diese auf beiden Seiten mit Papier zu. Legen Sie sie auf den Boden. Ihr Hund weiß nicht so recht, was er tun soll? Dann helfen Sie ihm etwas.

› Bei gierigen Vierbeinern nehmen Sie mehrere Rollen. In einer oder zwei Rollen sind Leckerchen, die anderen sind leer.

› Oder Sie verstecken die Leckerchen in Kartons, die mit Papier gefüllt sind.

› Die Joghurtbecher stellen Sie umgedreht nebeneinander und verstecken unter einem einen Happen. Dann vertauschen Sie die Becher. Findet Ihr Hund heraus, wo der Happen ist?

Damit das Leckerchen nicht von der Nase herunterfällt, muss der Hund völlig stillhalten.

Vor allem wasserfreudigen Hunden wie diesem Labrador macht es Spaß, nach einem Futterbrocken zu tauchen.

Warten auf »Fresserlaubnis«

Kann Ihr Hund »Sitz und Bleib« und nimmt ein Leckerchen nur auf Erlaubnis? Dann versuchen Sie doch mal diese Geschicklichkeitsübung: Lassen Sie Ihren Hund sitzen. Stellen Sie sich vor ihn und legen Sie ihm ein Leckerchen auf den Nasenrücken. Anfangs warten Sie nur kurz, bis Sie ihm die »Fresserlaubnis« geben, mit der Zeit kann Ihr Vierbeiner das Leckerchen länger auf der Nase balancieren.

› Futterbälle füllen Sie mit Leckerchen. Rollt der Hund den Ball, fallen die Leckerchen heraus. Je kleiner die Happen sind, umso schneller zeigt sich Erfolg.

› Unterwegs verstecken Sie etwas größere Happen in Laubhaufen, unter Rindenstücken und Ähnlichem. Vorsicht bei Hunden, die gerne unterwegs alles fressen, was sie finden!

› Auch bei diesen Spielen können Sie ein Hörzeichen einführen, etwa »Pack aus«.

Am Wasser

Das sollte der Hund können Auch dafür sollte der Vierbeiner möglichst hungrig sein. Für Wasserratten sind diese Spiele ein Riesenspaß, wasserscheue Vierbeiner gewöhnen sich dadurch vielleicht an das kühle Nass.

Das brauchen Sie Je nach gewünschter Wassertiefe nehmen Sie den Wassernapf oder zum Beispiel eine Sandkastenmuschel aus Plastik. Für sehr kleine oder wasserscheue Hunde reicht sogar ein Rutschteller Ihrer Kinder. Darin ist das Wasser nur ein paar Zentimeter tief. Auch ein stabiler Karton,

mit Plastikfolie ausgelegt, ergibt einen kleinen Pool. Unterwegs nutzen Sie schmale, seichte Bäche mit wenig Strömung und stehende Gewässer mit flachem Einstieg und klarem Wasser.

So klappt es Lassen Sie einige Happen auf dem Wasser treiben. Für Anfänger im Napf platzieren, Fortgeschrittene holen sie von einer größeren Wasserfläche oder aus einem Bach mit leichter Strömung. Für Profis dürfen die Leckerchen untergehen. Je tiefer das Wasser, umso tiefer der »Tauchgang«. Der Hund sollte aber immer im Wasser stehen können.

› Ist Ihr Hund wasserscheu, platzieren Sie leckere Happen zum Beispiel am anderen Ufer eines schmalen, seichten Baches.

› Oder Sie legen sie auf Holz bzw. Steine im Bach, die aus dem Wasser ragen. So kann sich Ihr Vierbeiner auch mal auf einen trockenen Fleck »retten«. Gehen Sie am besten mit ihm durch den Bach, das gibt ihm Sicherheit.

So klappt die Kommunikation

Für alle Spiele, die Sie mit Ihrem Vierbeiner machen, gilt: Setzen Sie Ihre Körpersprache, Mimik und Stimmlage ganz bewusst im Umgang mit Ihrem Hund ein. Dann kann Ihr Hund Sie sehr gut »lesen«. Beispiele: Ruhe vermitteln Sie mit ruhiger Stimme und ruhigen Bewegungen, Aktivität mit interessanter Stimme und motivierenden Bewegungen. Wenn Sie auf den Hund zugehen, »drücken« Sie ihn weg. Bewegen Sie sich von ihm weg, animieren Sie ihn, Ihnen zu folgen. Eine lobende Stimme klingt anders als ein Hörzeichen, wieder anders klingt ein »Nein«.

Je intensiver Sie das tun, umso stärker wird die Reaktion sein. Passen Sie die Dosis dem Charakter Ihres Hundes an.

Spannende Intelligenzspiele

Diese Spiele sind für aufmerksame Hunde mit »Köpfchen« geeignet. Solche, die sich gerne anstrengen, um ein Ziel zu erreichen. Da es reine Denkspiele sind, können Sie damit auch Hunde mit Bewegungseinschränkungen gut beschäftigen. Sie lernen, etwas wegzuschieben, zu drehen, zu öffnen oder Ähnliches, um an die Belohnung zu kommen. Im Zoofachhandel finden Sie verschiedene Varianten an stabilen Holzspielzeugen. Mit Welpen machen Sie besser einfache, selbst gebastelte Spiele.

Das sollte der Hund können Er sollte geistig rege und neugierig sein. Außerdem hat er im Idealfall Hunger, damit er das Leckerchen auch wirklich möchte. Wenn er »Sitz« beherrscht, ist das natürlich nützlich. Dann kann er Ihnen konzentriert zusehen, wenn Sie ihm zeigen, worum es geht.

Das brauchen Sie Ein oder mehrere Intelligenzspiele und eine ruhige Umgebung. Mit etwas Fantasie können Sie mit einem Napf, einem Plastikdeckel und anderen Dingen selbst etwas basteln.

Arbeit mit Köpfchen! Knifflige Intelligenzspiele aus dem Fachhandel sind für neugierige Hunde mit Appetit eine reizvolle Abwechslung. Aber bieten Sie nicht zu oft dasselbe Spiel an, sonst wird es rasch langweilig.

So klappt es Bei Spielen aus dem Zoofachhandel richten Sie sich nach der Gebrauchsanweisung. Üben Sie immer nur kurz und hören Sie auf, wenn Ihr Hund noch bei der Sache ist. Trainieren Sie nur mit einem Spiel. Ihr Hund darf zusehen, wie Sie das Leckerchen verstecken. Dann machen Sie ihm vor, was er tun muss, um daran zu kommen. Vorsicht, manche Spiele enthalten Kleinteile! Achten Sie darauf, dass der Hund sie nicht verschluckt. Wichtig: Räumen Sie das Spiel nach dem Üben stets weg. Der Hund darf es nicht für sich haben, womöglich würde er es »umarbeiten« ...

› Legen Sie einen Plastikdeckel auf einen Napf mit Leckerchen. Auf ein Hörzeichen, etwa »Pack aus«, darf der Hund beginnen. Er muss den Deckel wegschieben, um an den Inhalt zu kommen. Klappt das, kleben Sie den Deckel an einer oder zwei Stellen mit Klebeband fest. Jetzt muss Ihr Hund ihn hochklappen. Noch anspruchsvoller wird die Übung, wenn Sie einen schwereren Gegenstand (z. B. ein Holzstück) auf den Deckel legen. Der Hund muss erst das Holzstück wegschieben oder mit dem Maul weglegen, dann den Deckel hochklappen.

› Befestigen Sie am vorderen Rand des Innenteils einer Pralinenschachtel eine Lasche aus Karton. In die Pralinenfächer legen Sie einige Leckerchen und schieben den Innenteil wieder in die Schachtel. Sie halten die Schachtel fest, der Hund muss das Pralinenfach an der Lasche herausziehen, um die Häppchen zu bekommen. Lassen Sie ihn auch hier zusehen und machen Sie es ihm zuerst langsam vor.

› Haben Sie ein Telefonschränkchen? Unseres hat so kurze »Beine«, dass unsere Hündin nicht mit der Schnauze darunter kommt, aber mit der Pfote. Legen Sie ein Leckerchen unter ein solches Möbelstück. Ihr Hund muss herausfinden, wie er daran kommen könnte!

Richtig **belohnen**

TIPPS VON DER
HUNDE-EXPERTIN
**Katharina
Schlegl-Kofler**

EIN HÄPPCHEN Es muss etwas Besonderes sein. Der Hund bekommt es deshalb nur in Verbindung mit einer »Leistung«, also nicht einfach so.

BELOHNUNG ABBAUEN Sobald der Vierbeiner mit positiver Motivation durch Häppchen oder Spielzeug eine Übung gelernt hat, wird die Belohnung abgebaut. Kann Ihr Hund bereits über einen Baumstamm balancieren? Dann holen Sie den Happen erst aus der Tasche, wenn der Hund darüber balanciert ist.

BEIM CLICKERTRAINING Clicker und Häppchen können Sie weglassen, sobald der Hund die Übung wirklich gut beherrscht.

ZUSÄTZLICHER ANSPORN Geben Sie Ihrem Hund nicht mehr für jede noch so einfache Übung sein Spielzeug oder Häppchen. Variable Belohnungen bleiben etwas Besonderes.

DER JACKPOT Hat er jedoch etwas ganz super gemacht, gibt es einen »Jackpot«, also mehrere Happen auf einmal oder ein ganz besonderes, heiß geliebtes Spielzeug.

Clickertraining leicht gemacht

Wie Sie auf Seite 17 noch einmal nachlesen können, ist der Clicker nach entsprechender Konditionierung (wichtig!) ein sekundärer Verstärker, also ein Lob für den Hund. Er wirkt sogar besser als die Stimme, da das »Click« ein »exklusives« Geräusch ist. Gesprochen wird mit Hunden in der Regel eher zu viel. Die meisten Hunde lieben Clickertraining. Es ist im Prinzip für alle Hunde geeignet. Schwierig ist es nur bei extrem geräuschempfindlichen Hun-

den oder solchen, die überhaupt nicht mit Futter zu motivieren sind. Vierbeiner, die bisher über Zwang ausgebildet wurden, tun sich anfangs oft schwer. Sie sind nicht gewohnt, durch eigenes Ausprobieren Erfolg zu haben.

Wer mag und wem das nicht zu lange dauert, kann dem Hund über das Clickertraining auch die gängigen Gehorsamsübungen beibringen. Ich persönlich verwende es aber nur für Tricks.

Grundlagen Bevor Sie sich in die Praxis stürzen, hier noch ein paar wichtige Punkte:

› Der Hund wird kaum oder nur wenig beeinflusst. Nur durch Ihr »Click« im richtigen Moment findet er durch Ausprobieren heraus, was er für die Belohnung tun muss.

› Formen Sie immer nur ein bestimmtes Verhalten, nicht verschiedene Dinge parallel. Und haben Sie Geduld. Clickertraining ist nichts für jemanden, bei dem alles schnell gehen muss.

› Das Timing ist beim Clickertraining besonders wichtig. Bemühen Sie sich also, genau im richtigen Moment zu clickern.

› Falsches Verhalten wird ignoriert, also kein »Nein«, wenn der Hund nicht genau das tut, was Sie belohnen wollen. Um Missverständnissen vorzubeugen – der Clicker ist nicht dafür geeignet, dem Hund unerwünschtes Verhalten abzugewöhnen.

› Üben Sie nicht zu lange am Stück. Fünf bis zehn Minuten reichen.

In dem Moment, in dem der Hund mit der Nase die Spitze des Teleskopkugelschreibers anstupst, clickern Sie.

› Bei der Konditionierung bekommt der Hund seine Leckerchen direkt im Anschluss an den »Click«. Sobald er beides verknüpft hat, gibt es sie mit Zeitverzögerung. Die Häppchen liegen dann etwas abseits, zum Beispiel auf dem Tisch oder in der Packung.

› Für alle Übungen gilt: Zunächst wird jedes Mal geclickert, wenn der Hund von sich aus und zufällig das erwünschte Verhalten zeigt. Zeigt er es freiwillig und gezielt, wird ebenfalls jedes Mal geclickert, aber jetzt kommt noch das Hörzeichen dazu. Hat der Hund das Hörzeichen verknüpft, wird nur noch geclickert, wenn er das Verhalten auf Ihre Aufforderung hin zeigt.

»Touch« – die Übung für den Einstieg

Nun kann es losgehen. Die folgende Übung ist nicht schwer und daher für den Einstieg recht gut geeignet. Sie werden schnell feststellen, ob der Hund begriffen hat, worum es geht. Er soll lernen, die Spitze eines Teleskopkugelschreibers mit der Nase anzutippen.

Das sollte der Hund können Er muss hungrig und auf den Clicker konditioniert sein. Das gilt für alle folgenden Clicker-Übungen. Sollte er zusätzlich etwas können, steht das dabei.

Das brauchen Sie Clicker, Teleskopstift (aus dem Schreibwarenladen), leckere Häppchen, evtl. etwas Käse und eine möglichst ruhige Umgebung.

So klappt es Nehmen Sie in eine Hand den Clicker, in die andere den etwas ausgezogenen Teleskopstift. Die Häppchen liegen abseits.

› Halten Sie die Spitze des Teleskopstifts in die Nähe der Hundenase. Berühren Sie seine Nase aber dabei nicht.

› Ihr Hund berührt mit der Nase zufällig die Spitze? Dann clickern Sie, anschließend bekommt er ein

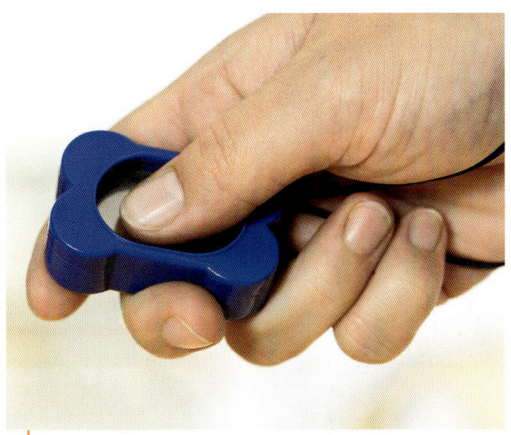

Clicker gibt es in verschiedenen Formen und Farben im Zoofachhandel. Kaufen Sie am besten gleich zwei derselben Sorte – mit markantem »Click«.

Häppchen. Sie werden ihm förmlich ansehen, wie es in seinem Hirn arbeitet. Denn er möchte herausfinden, wofür genau er belohnt wurde! Stupst er den Stift an einer anderen Stelle an, clickern Sie nicht. Ihr Hund kommt gar nicht auf die Idee, die Spitze zu berühren? In diesem Fall nehmen Sie etwas Käse in die Hand und fassen danach die Spitze des Stifts an – sie riecht dann ein wenig nach Käse.

› Sobald der Hund von sich aus und gezielt die Spitze berührt, hat er verstanden, worum es geht. Nun gestalten Sie die Übung schwieriger und ziehen den Stift auf die volle Länge aus. Halten Sie ihn in verschiedenen Positionen – von sich weg, seitlich nach unten, nach oben usw. Der Hund muss nun einige Schritte gehen, um zur Spitze zu gelangen. Klappt auch das, kommt ein Hörzeichen dazu, zum Beispiel »Touch« oder »Tipp«.

»Müde« spielen

Das brauchen Sie Clicker, Häppchen, ein paar Streifen Tesafilm.

So klappt es Kleben Sie Ihrem Hund ein Stückchen Tesafilm knapp über dem Auge auf das Fell. Bestimmt wird er das störende Ding mit der Pfote abstreifen wollen und sich dabei über das Auge wischen. In dem Moment, in dem er wischt, clickern Sie. Danach gibt's zur Belohnung ein Häppchen.

› Nach einigen Übungseinheiten wird sich Ihr Vierbeiner auch ohne den lästigen Tesafilm übers Gesicht wischen.

› Nun fahren Sie fort wie oben beschrieben und führen gleichzeitig das Hörzeichen, zum Beispiel »Müde«, ein.

› Clickern Sie nur dann, wenn Ihr Hund sich richtig über das Gesicht wischt, nicht aber wenn er es »schlampig« macht.

»Knicks« machen

Das brauchen Sie Clicker, stets griffbereit, sowie viel Aufmerksamkeit für Ihren Hund.

So klappt es Beobachten Sie Ihren Hund gut. Wenn er länger auf seinem Bett lag und vielleicht auch noch geschlafen hat, wird er sich beim Aufstehen strecken. Er streckt die Vorderbeine nach vorne, das Hinterteil geht in die Höhe. In dem Moment, in dem er in diese Position kommt, clickern Sie.

› Zeigt er diese Stellung vielleicht auch, wenn er jemanden zum Spiel auffordert? Clickern Sie auch dann.

› Sie sollten möglichst jedes Mal, wenn Ihr Vierbeiner diese Position einnimmt, sofort den Clicker zur Hand haben.

› Fahren Sie mit dem Clickertraining so fort, wie oben beschrieben. Als Hörzeichen verwenden Sie zum Beispiel »Knicks« oder »Diener«.

Türe schließen

Das brauchen Sie Clicker, Häppchen, Teleskopstift.

So klappt es Um den Hund eine Türe schließen zu lassen, nehmen Sie den Teleskopstift zu Hilfe. Halten Sie diesen an die offene Türe. Auf »Touch« stupst der Hund den Teleskopstift und damit auch die Türe an. Bei jedem erfolgreichen Anstupsen gibt es einen »Click«.

› Klappt das Anstupsen der Türe, lassen Sie den Teleskopstift weg: Der Hund stupst die Türe an – »Click«.

› Als Nächstes clickern Sie nur, wenn er das mit so viel Schwung macht, dass die Türe auch angelehnt ist.

› Wie gewohnt kommt nun das Hörzeichen hinzu, zum Beispiel »Türe« oder »Schließen«.

Der Hund macht einen »Knicks« – jetzt kommt der Click. Danach erst holt der Hund sich das Häppchen ab.

Licht ein- und ausschalten

Das brauchen Sie Clicker, Häppchen, Teleskopstift.
So klappt es Halten Sie den Stift auf einen Kipp-
schalter und sagen Sie »Touch«.

› Der Hund stellt sich auf die Hinterbeine und
stupst Teleskopstift und Lichtschalter an. Clickern
Sie in dem Moment, in dem er das macht. Klappt
das, lassen Sie den Stift wieder weg. Nun stupst

der Hund den Lichtschalter auch so an. Klappt
das zuverlässig, clickern Sie nur noch, wenn er ihn
so fest anstupst, dass das Licht aus- oder angeht.
Auch hier kommt jetzt wieder das Hörzeichen, zum
Beispiel »Licht«, dazu.

› Nochmal zur Erinnerung – »Click« macht es in der
»Endstufe« nur noch, wenn der Hund die Übung auf
Aufforderung zeigt. Danach gibt es den Happen.

1 »LICHT«

Hat der Hund gelernt, dass es den Click gibt, wenn er den Lichtschalter anstupst, clickern Sie nur noch dann, wenn er den Schalter fest genug anstupst. Achten Sie auf das richtige Timing – in
dem Moment, in dem das Licht aus- bzw. angeht, kommt der Click.
Danach kommt der Hund zu Ihnen und holt sich seine Belohnung.

2 »TÜRE«

Stupst der Hund die Türe zuverlässig an, wird nur noch geclickert,
wenn er das mit so viel Schwung macht, dass sie zumindest angelehnt ist. Auch hier wieder auf das Timing achten. Geclickert wird,
wenn der Hund die Türe entsprechend schwungvoll anstupst, nicht
erst dann, wenn sie den Türrahmen trifft.

3 »MÜDE«

Ihr Hund macht »Müde« begeistert und schon ohne Tesafilm?
Dann clickern Sie nur noch, wenn er sich so schön wie hier über
das Gesicht wischt. Auch hier holt sich der Vierbeiner die fress-
bare Belohnung erst ab, wenn er mit der Übung fertig ist, also,
nachdem er sich über das Gesicht gewischt hat.

Suchen und Bringen

Mit Apportier- und Suchspielen schlagen Sie gleich mehrere Fliegen mit einer Klappe. Der Hund wird geistig gefordert, unternimmt mit Ihnen etwas (das fördert die Bindung), hat Bewegung, und nebenbei wird auch gleich noch der Gehorsam unter Ablenkung gefestigt. Eine ideale Art der Beschäftigung!

Für viele Hunde geeignet

Läuft Ihr Vierbeiner gern seinem Ball hinterher? Oder trägt er gern etwas mit sich herum? Dann eignet er sich bestimmt gut für Bringspiele (→ Seite 36). Aber selbst bei so manchem zunächst uninteressierten Hund lässt sich die Motivation für ein Bringspiel über das Futter steigern. Gehört Ihr Hund zu den »Rennsemmeln«, sollte er gesunde Gelenke haben, wenn Sie ihn beschäftigen wollen. Denn er wird beim Apportieren durch das Lospreschen und das Bremsen am Apportel durchaus beansprucht. Gemütliche Vierbeiner, die nur traben, dürfen das lockerer sehen.

Da Hunde Nasentiere sind, machen ihnen natürlich Suchspiele großen Spaß. Suchspiele sind für alle Hunde geeignet. Sie sind so variabel, dass man für jeden die passende Variante findet. Für die oben erwähnten bringfreudigen Vierbeiner kann man Suchen problemlos mit Apportieren verbinden.

Die Ausrüstung

Zum Apportieren nehmen Sie etwas, das Ihr Hund gerne trägt. Das kann ein Ball sein, ein Ziehtau, zusammengeknotete alte Socken oder aber ein spezielles Apportierdummy aus dem Zoofachgeschäft. Ganz wichtig: Ihr Hund hat das Dummy, den Ball usw. nie zur freien Verfügung! Halten Sie ihn bei Laune, indem Sie stets rechtzeitig aufhören. Lesen Sie am besten nochmals die Regeln auf Seite 16/17. Zum Suchen nehmen Sie für Bringbegeisterte den Apportiergegenstand, sonst ein Leckerchen oder das Lieblingsspielzeug. Falls Ihr Vierbeiner unterwegs am liebsten alles fressen möchte, deponieren Sie die Leckerchen bei Suchspielen am besten in einem kleinen Napf. Dann nimmt er sie nicht direkt vom Boden auf. Für extreme Unratfresser allerdings können Suchspiele mit Leckerchen draußen eher ungeeignet sein.

Abwechslungsreiche Bringspiele

Apportiertraining ist viel mehr, als nur einen Ball zu werfen und den Hund hinterher laufen zu lassen. Hier einige Grundregeln für den richtigen Einstieg.

Bringen fördern

Naturgemäß möchte Ihr Hund seine Beute gern behalten. Sie müssen ihm also zeigen, dass es super ist, die »Beute«, also das Apportel, Ihnen zu überlassen. Achten Sie auf folgende Punkte:

› Ihr Hund sollte auf Ruf oder Pfiff stets gerne und zuverlässig zu Ihnen kommen. Kommt er ohne Beute nicht gerne, dann mit Beute erst recht nicht.

› Trägt der Hund etwas auf Sie zu, ist das immer super. Loben Sie ihn, auch wenn es Ihr teuerster Schuh sein sollte oder eine tote Maus. Tadeln Sie ihn nämlich, gewöhnen Sie ihm möglicherweise dadurch das Bringen ab.

› Nehmen Sie ihm die Beute nicht sofort ab. Loben Sie ihn erst mal ausgiebig und kraulen ihn, aber nicht in der Nähe der Schnauze.

› Nach einigen Momenten sagen Sie »Aus« und nehmen ihm die Beute vorsichtig ab. Gibt der Vierbeiner sie ungern ab, bieten Sie ihm einen Happen im Austausch an. Sie können auch ein Futterdummy verwenden. Füllen Sie es mit leckeren Happen und lassen Sie den hungrigen Hund zusehen. Geben Sie ihm dann ein paar Stücke daraus. Wenn Sie es ihm jetzt werfen, wird er bald begreifen, dass er nur etwas bekommt, wenn er es Ihnen bringt.

› »Aus« ist kein negatives Hörzeichen. Sie verwenden dieses Wort aber, um Ihrem Hund etwas zu verbieten? Dann sagen Sie hier zum Beispiel »Danke«.

› Perfekt ist das Bringen, wenn der Hund den Gegenstand in Ihre Hand abgibt. Für den Hausgebrauch reicht es aber, wenn er ihn direkt vor Ihnen auf den Boden legt.

› Nutzen Sie bei Bringspielen Ihre Körpersprache. Laufen Sie von Ihrem Hund weg, wenn er kommen soll. Schauen Sie ihn dabei freundlich und je nach Hund nicht direkt an. Machen Sie sich anfangs klein, wenn er fast bei Ihnen ist.

Damit der Hund gern apportiert, ist es immer toll, wenn er etwas bringt, egal was es ist. Freuen Sie sich also überschwänglich.

Bringt der Hund das Dummy, nehmen Sie es ihm nicht gleich ab! Loben Sie ihn erst ausgiebig fürs Bringen und streicheln Sie ihn an Brust oder Flanke.

Erst nach dem Loben nehmen Sie Ihrem Vierbeiner das Dummy sanft mit freundlichem »Aus« oder »Danke« ab. Das Hörzeichen dafür darf nicht tadelnd wirken.

Bringen mit System

Die meisten Hunde rennen fliegendem Spielzeug gerne hinterher. Der Hund hat dadurch zwar Be-

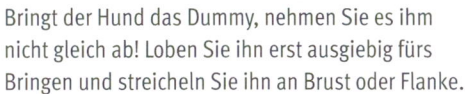

wegung und macht etwas mit Ihnen zusammen, aber er erlebt, dass er hemmungslos etwas sich Bewegendem hinterherlaufen darf. Das kann seinen Jagdinstinkt fördern! Kombinieren Sie doch das Bringen mit dem Gehorsam. So lernt der Hund, auch unter Ablenkung auf Sie zu achten – und das Hundegehirn hat auch noch Arbeit!

Das sollte der Hund können Ihr Vierbeiner sollte gern etwas bringen, sein Apportel lieben und einen guten Grundgehorsam haben.

Das brauchen Sie Ein bis zwei Apportiergegenstände, eventuell Leckerchen als Belohnung, sowie möglichst einen Helfer, der einige Meter entfernt von Ihnen steht und das Apportel wirft. Aber nicht zu weit von sich weg, denn er sollte es rechtzeitig aufheben können, falls Ihr Hund ohne Erlaubnis losstürmt. Würde es nämlich der Hund erwischen, wäre der ganze erzieherische Effekt dahin!

Bringen mit Verzögerung

So klappt es Lassen Sie Ihren angeleinten Hund an Ihrer Seite sitzen. Sie oder Ihr Helfer werfen seinen Ball oder sein Dummy einige Meter weit auf eine gemähte Wiese. Warten Sie nun ein paar Momente, damit der Hund sich die Fallstelle merken kann. Anschließend gehen Sie mit ihm ein paar Meter bei Fuß. Jetzt kehren Sie zum Ausgangspunkt zurück und lassen ihn wieder sitzen. Leinen Sie ihn nun ab und schicken Sie ihn mit »Bring« los. Er soll Ihnen den Ball oder das Dummy bringen.

› Sobald das gut klappt, dehnen Sie die Zeit zwischen Werfen und Schicken aus. Machen Sie dazwischen ein paar Gehorsamsübungen.

› Gehorcht der Hund auch ohne Leine gut, probieren Sie folgende Variante: Nach dem Werfen drehen Sie den Hund um 180 °, machen »Sitz und Bleib« und gehen alleine ein paar Meter weiter. Drehen Sie sich nun zum Hund und rufen Sie ihn zu sich. Ist er wieder an Ihrer Seite, gehen Sie wieder zum Ausgangspunkt zurück und schicken ihn los.

Verschiedene Standpunkte

So klappt es Bei dieser Übung muss Ihr Vierbeiner noch mehr mitdenken. Lassen Sie Ihren Hund wieder angeleint an Ihrer Seite sitzen. Jetzt werfen Sie oder Ihr Helfer den Ball oder das Dummy einige Meter weit. Gehen Sie mit dem Hund bei Fuß ein paar Meter und schicken ihn von dort aus los. Das Besondere an dieser Übung ist, dass sein Blickwinkel jetzt ein anderer ist.

› Noch mehr Köpfchen braucht Ihr Hund, wenn zwischen Werfen und Bringen mehr Zeit und zusätzlich zum neuen Standort ein paar Gehorsams-

übungen liegen. Liegt der zweite Standpunkt zunächst näher am Ball oder Dummy, wird es für Ihren Hund einfacher. Wenn der Hund sich gut gemerkt hat, wo das Apportel liegt, und es bringt, wird der Gegenstand erneut und an dieselbe Stelle geworfen. Jetzt wechseln Sie ein weiteres Mal Ihren Standort.

Die Flugbahn

So klappt es Hat Ihr Hund mittlerweile etwas Routine im Apportieren? Dann testen Sie mal diese Variante. Solange sich das Apportel im Flug gut vom Hintergrund abhebt und Sie auf einer Wiese üben, sieht der Hund die gesamte Flugbahn – wo es »startet« und wo es liegt. Landet das Apportel aber zum Beispiel hinter einem größeren Grasbüschel oder gar einem Gebüsch, muss er sich die Flugbahn selbst zu Ende denken. Und das macht die Übung knifflig für ihn.

› Warten Sie nach dem Werfen ein paar Momente und schicken Sie Ihren Hund erst dann los.

› Ihr Vierbeiner ist schon ein richtiger Könner? In diesem Fall verlegen Sie die Übung auch einmal in einen Wald. Wenn Ball oder Dummy zwischen Bäumen fliegt, wird's für Ihren Hund noch schwieriger!

Zwei Apportel

So klappt es Wenn Ihrem Hund die bisherigen Übungen nicht wirklich schwer fallen, nehmen Sie einen zweiten Ball oder ein zweites Dummy dazu. Dann muss Ihr Vierbeiner noch mehr Ablenkungen standhalten!

Das Dummy landet hinter einem Grasbüschel. Aber wenn der Hund sich die Flugbahn gut merkt und im Fallbereich des Dummys seine Nase einsetzt, wird er es rasch finden.

Voller Begeisterung bringt der Hovawart sein Apportel zurück. Beim Apportieren gilt: Qualität vor Quantität, so macht es Spaß.

Apportierregeln beachten

ÜBERFORDERUNG Beim Apportieren Ist das ein Spaßkiller. Ihr Vierbeiner bringt beim dritten Mal nur noch schlampig und lustlos? Dann hören Sie spätestens nach dem zweiten Mal auf, manchmal kann auch ein Apport schon genug sein. Auf diese Weise bekommt der Hund langsam mehr Interesse.

OHNE ABLENKUNG UND ANDERE HUNDE So kann sich Ihr Hund in den ersten Wochen am besten konzentrieren.

RICHTIG EINSCHÄTZEN Erkennen Sie, was Ihr Vierbeiner braucht. Ein nervöser oder bringbegeisterter Hund bekommt ruhige Übungen, beim phlegmatischeren oder weniger interessierten Vierbeiner dürfen Ball oder Dummy auch häufiger fliegen.

› Nachdem das erste Apportel geworfen wurde, drehen Sie sich mit dem Hund um 18o °. Nun werfen Sie von dort aus das zweite. Sie und Ihr Vierbeiner stehen jetzt praktisch dazwischen. Sie drehen sich wieder um 18o °, also zurück, und schicken den Hund auf das zuerst geworfene Apportel.

› Ihr Hund darf auf dem Rückweg nun nicht noch zum zweiten Apportel durchstarten. Er soll vielmehr erst das eine zu Ihnen bringen. Anschließend nehmen Sie ihn bei Fuß und drehen sich in Richtung zweites Apportel. Das darf er dann holen.

› Zwischendurch holen Sie geworfene Bälle oder Dummys immer wieder auch selbst. Auf diese Weise lernt der Hund, dass nicht jedes fliegende Teil für ihn bestimmt ist. Das ist zwar langweilig, aber nützlich!

Kombinationen Ist Ihr Vierbeiner gut im Merken, dann kombinieren Sie alle bisher beschriebenen Bringübungen miteinander. Profis versuchen zum Beispiel, dass die Flugbahn nur teilweise zu sehen ist, der Hund macht dann ein paar andere Übungen und wird schließlich von einem neuen Standpunkt aus losgeschickt.

Das Gelände Immer auf der platten Wiese zu üben ist langweilig – auch für den Hund. Bringen Sie also Abwechslung ins Training!

› Ball oder Dummy kann zum Beispiel so geworfen werden, dass der Hund auf dem Weg dorthin eine Straße überqueren oder über einen Baumstamm springen muss. Oder er startet auf gemähter Wiese, das Dummy liegt aber in einem Stück hoch bewachsener Brachfläche. Der Ball oder das Dummy könnte auch jenseits eines schmalen Bachs oder Wassergrabens liegen.

› Schauen Sie sich unterwegs mal genau um, Sie werden bestimmt jede Menge Möglichkeiten entdecken!

Vertrauen ist die Basis

Ihr Hund kann lernen, etwas zu bringen, von dem nur Sie wissen, wo es liegt. Dafür soll er in gerader Linie dorthin laufen, wohin Sie ihn per Handzeichen schicken. Gestalten Sie die Übungen so, dass er immer und rasch Erfolg hat. Hunde, die keine Apportier-Fans sind, finden an der angezeigten Stelle ein Leckerchen, und man kann sie dann dort zum Beispiel ins Platz legen oder sitzen lassen.

Das sollte der Hund können Der Grundgehorsam sollte sitzen. Der Hund sollte gern etwas bringen. Für die Übungen mit dem Futternapf sollte der Hund hungrig sein.

Das brauchen Sie Futternapf mit einigen Leckerchen, einen oder mehrere Apportiergegenstände, eventuell einen Helfer.

Einfaches »Voran«

So klappt es Beginnen Sie im Garten oder Haus mit dem Futternapf. Sobald Ihr Hund sicher ist, verlegen Sie die Übung ins Gelände.

› Lassen Sie den Hund an Ihrer Seite sitzen. Gehen Sie ohne ihn einige Meter weg und stellen den Napf auf den Boden.

› Kehren Sie zum Hund zurück. Nehmen Sie einen Arm und strecken ihn seitlich und dicht am Hund in dessen Kopfhöhe nach vorn in Richtung Napf. So kann er die Richtung wahrnehmen.

› Schaut er in die gewiesene Richtung, sagen Sie »Voran«. Jetzt darf und wird er losflitzen, weil der Napf für ihn einen großen Reiz besitzt. Hat er gefressen, rufen Sie ihn zurück.

› Bei einem nicht apportierfreudigen Hund bauen Sie nach dem Fressen ein »Sitz« oder »Platz« ein und rufen ihn anschließend zurück. Läuft er ohne zu zögern und schnell zum Napf, vergrößern Sie die Entfernung allmählich.

Nicht vergessen: Vor dem Schicken wieder einige Happen in den Napf legen!

› Nach kurzer Zeit wird der Hund vertrauensvoll losrennen. Jetzt kommt der Helfer. Haben Sie den Napf das erste Mal gefüllt und den Hund geschickt? Dann füllt der Helfer den Napf heimlich, während Ihr Hund auf dem Rückweg ist. Schicken Sie ihn erneut, er wird durchstarten – auch wenn er nicht gesehen hat, dass der Napf gefüllt wurde. Er hat jedes Mal etwas gefunden, das schafft Vertrauen.

› Apportiert Ihr Hund, verwenden Sie statt Napf ein Apportel. Legen Sie es an eine markante Stelle, beispielsweise vor einen einzelnen Busch. Verfahren Sie wie vorher beschrieben.

1 Aufmerksam sitzt der Hund an der Seite, während ihm Frauchen mit dem Arm die Richtung vorgibt, in der das Apportel liegt. Noch hat er keine Starterlaubnis.

2 Erst wenn der Hund konzentriert in die richtige Richtung blickt, kommt Ihr motivierendes »Voran«, Ihr Arm bleibt dabei ruhig. Erst jetzt darf er durchstarten!

Erinnern will geübt sein

So klappt es Ihr Vierbeiner hat nun über eine gewisse Zeit erlebt, dass er immer etwas findet, wenn Sie ihn schicken. Das gilt auch, wenn zwischen Auslegen und Ihrem Befehl etwas Zeit vergangen ist. Jetzt ist er bereit für die nächste Stufe.

› Nehmen Sie ein oder mehrere Apportel mit und legen Sie diese an Ihrem Ausgangspunkt aus. Den Hund lassen Sie dabei zusehen. Nun machen Sie mit ihm einige Minuten etwas anderes. Üben Sie ein wenig Grundgehorsam oder spielen Sie ein Weilchen mit ihm.

› Danach kehren Sie zum ursprünglichen Platz zurück. Schicken Sie den Hund jetzt aus nicht zu großer Entfernung an die Stelle, an der Sie vorher etwas ausgelegt haben. Liegen dort mehrere Apportel? Hat Ihr Vierbeiner das erste ohne Zögern geholt? Dann können Sie ihn jetzt nochmals schicken.

› Mit zunehmendem Können dehnen Sie die Zeit zwischen Auslegen und Holen aus. Fortgeschrittene legen am Anfang des Spaziergangs etwas aus und holen es auf dem Rückweg. Ist Ihr Vierbeiner bereits Profi, legen Sie an einem markanten Punkt etwas aus, ohne dass er Sie dabei sieht, und schicken ihn los.

Kombinationen Sobald Ihr Vierbeiner eine gewisse Sicherheit hat, versuchen Sie doch mal eine Kombination aus Bringen mit System und Vertrauen, am besten mithilfe eines Helfers.

So klappt es Lassen Sie den Hund an Ihrer Seite sitzen. Gehen Sie nun zu einem markanten Punkt und legen Sie dort etwas aus, sodass der Hund Sie dabei sehen kann.

› Gehen Sie zum Hund zurück und drehen Sie sich mit ihm um 180 °. In Blickrichtung einige Meter entfernt von Ihnen steht Ihr Helfer und wirft ein Dummy oder einen Ball.

Auch ein Frisbee eignet sich für Bringübungen, dosieren Sie aber waghalsige Sprünge.

› Lassen Sie Ihren Hund ein paar Momente schauen, damit er sich die Stelle gut merken kann. Jetzt drehen Sie sich mit ihm wieder um 180 ° zurück und schicken ihn zuerst auf das ausgelegte Apportel.

› Wenn er das gebracht hat, drehen Sie sich erneut um und lassen ihn nun das geworfene Apportel holen.

Das Gelände Wie bereits beim Bringen mit System (→ Seite 30) sollten Sie auch bei den Erinnerungsübungen öfters das Gelände variieren. Das bringt Abwechslung und erweitert den Horizont Ihres Hundes.

Suchspiele, die Ihren Hund fordern

Beim Spielen die Nase einzusetzen liegt fast jedem Hund im Blut. Schließlich ist der Geruchssinn ein ganz wesentliches Instrument des Vierbeiners, um Informationen aus seiner Umwelt aufzunehmen. Daher ist diese Art der Beschäftigung für alle Hunde geeignet. Kombiniert mit dem entsprechenden Gehorsam ist das Suchen eine sehr gute Möglichkeit, Hunde auszulasten. Je nach Typ, Alter und Gesundheitszustand eines Hundes lassen sich die verschiedenen Suchspiele problemlos ruhiger, aber auch peppiger gestalten.

Leckerchen und Spielzeug suchen

Das sollte der Hund können Er sollte gern apportieren. Praktisch ist es, wenn er »Bleib« kann. Die Suche klappt am besten, wenn der Hund hungrig ist.
Das brauchen Sie Leckere Häppchen, ein oder mehrere Spielzeuge, anfangs eine ablenkungsarme Umgebung.
So klappt es Üben Sie erst im Haus. Legen Sie den Hund so ab, dass er sehen kann, wo Sie etwas verstecken. Aber machen Sie es nicht zu schwer. Ihr Vierbeiner soll rasch Erfolg haben!

Anfangs darf der Hund noch zuschauen – gespannt beobachtet er, wie sich sein Frauchen samt seinem Spielzeug in einem Gebüsch am Waldrand versteckt.

› Nun gehen Sie zum Hund zurück. Mit spannendem »Suuuch, suuch« motivieren Sie ihn zur Suche. Freuen Sie sich mit ihm, wenn er erfolgreich war!
› Das nächste Mal wählen Sie das gleiche Versteck, lassen ihn aber nicht mehr zusehen.
› Klappt das, wählen Sie beim nächsten Mal ein neues Versteck, nicht zu weit entfernt. Helfen Sie ihm suchen, wenn er allein noch nicht zurecht kommt. Weiß er dagegen schon, worum es geht, können Sie mehrere Dinge an verschiedenen Orten und mit der Zeit schwieriger verstecken.
› Sobald es zu Hause klappt, machen Sie die Suchspiele im Garten und dann auch auf Spaziergängen.

Personen suchen

Das sollte der Hund können Er sollte möglichst »verrückt« nach dem Leckerchen oder Spielzeug sein, außerdem offen gegenüber Menschen.
Das brauchen Sie Leckerchen oder Lieblingsspielzeug, einen Helfer.
So klappt es Suchen Sie ein Gelände mit mehreren Büschen. Spielen Sie in einiger Entfernung vom Busch kurz mit Ihrem Hund oder zeigen Sie ihm ein paar Häppchen.
› Ihr Helfer hält den Hund am Halsband fest. Sie laufen mit Spielzeug oder Leckerchentüte hinter

den Busch. Der Hund schaut zu, der Helfer spornt ihn mit der Stimme an.
› Jetzt lässt er ihn mit »Such« los. Hat Ihr Hund Sie gefunden, freuen Sie sich und belohnen ihn.
› Hat Ihr Vierbeiner verstanden, worum es geht? Dann geht der Helfer mit dem Hund außer Sicht, wenn Sie sich verstecken. Die Verstecke werden jetzt auch schwieriger.
› Sobald das klappt, lassen Sie den Helfer mit dem Hund spielen, dann versteckt er sich. Findet ihn der Hund, wird er genauso gelobt wie vorher. Für Profis kann sich der Helfer relativ weit entfernt verstecken. Sie begleiten den Hund dann bei seiner Suche – er sollte suchen, aber Sie geben die Marschrichtung vor.

Er hat sein Frauchen gefunden! Zur Belohnung gibt es ein ausgelassenes Zerrspiel mit dem Lieblingsspielzeug.

Freie Suche

Jetzt soll der Hund einen größeren Bereich (20 x 20 m oder auch mehr), in dem mehrere Apportiergegenstände ausgelegt wurden, selbstständig absuchen und die Dinge nacheinander bringen.

Das sollte der Hund können Er sollte einen sehr guten Grundgehorsam haben. Denn er arbeitet ein ganzes Stück von Ihnen entfernt und muss sofort kommen, wenn Sie ihn rufen. Er sollte »Bleib« können und gern bringen.

Das brauchen Sie Wald oder Wiese, mehrere Apportiergegenstände.

So klappt es Zeigen Sie dem Hund, was Sie dabei haben. Dann lassen Sie ihn sitzen und gehen allein mit den Dummys in das Gebiet, in dem er die Dinge suchen soll.

› Legen Sie diese an verschiedenen Stellen, aber noch nicht zu weit von der Ausgangsposition entfernt und relativ offen aus. Machen Sie das spannend durch Bewegung und Stimme.

› Ihr Hund schaut zunächst zu. Gehen Sie nun zu ihm zurück, sodass er an Ihrer Seite sitzt.

› Jetzt animieren Sie ihn zum Beispiel mit »Such«, seine Sachen zu finden. Wenn er etwas gefunden hat, loben Sie ihn überschwänglich und schicken ihn wieder.

› Je nach Veranlagung schicken Sie ihn öfter oder nur ein-, zweimal. Holen Sie noch liegende Dinge dann selbst und machen es spannend, damit der Hund merkt, dass da noch etwas Tolles lag.

Ist Ihr Vierbeiner mit Freude bei der Sache, dann lassen Sie ihn nach wenigen Trainingseinheiten nicht mehr zuschauen, wenn Sie die Apportel auslegen. Kommt der Hund bei der Suche an die Grenzen des von Ihnen gewählten Bereichs, dann rufen Sie ihn in Ihre Richtung. Sobald er wieder im Suchgebiet ist, geben Sie erneut das entsprechende Hörzeichen. So weiß er, dass er in diesem Gebiet suchen muss. Für fortgeschrittene Hunde können Sie die Gegenstände schon weiter verteilt und versteckter auslegen. Und passionierte Nasenprofis finden ihre Dinge sogar dann wieder, wenn sie zusätzlich beispielsweise in einem Totholzhaufen oder im Gebüsch versteckt sind.

Frauchen hat sein Spielzeug hinter Büschen gut versteckt. Jetzt darf der Vierbeiner im Garten danach suchen.

Die Kreisvariante: Gespannt verfolgt der Hund Frauchens Tun. Doch nur an einer Stelle innerhalb eines Kreises um ihn liegen wirklich Hundekuchen oder Ball.

Nun gehen Sie einige Meter vom Hund weg und geben ihm das Signal zum Suchen – entweder verbal oder mit Suchenpfiff – mehrere kurze Pfiffe nacheinander.

Kleine Suche

»Klein« heißt diese Suche, weil der Hund nur in einem kleinen Bereich suchen und dort auch bleiben soll. Sie ist für Hunde geeignet, die gern suchen, aber zu viel Jagdinstinkt haben oder zu wenig Gehorsam, als dass man sie weiter weg lassen könnte.

Das sollte der Hund können Ihr Hund sollte gerne apportieren. Ein guter Grundgehorsam ist auch hier nützlich. Wenn der Hund hungrig ist, klappt die Suche besser.

Das brauchen Sie Eine Wiese oder einen Wegrand mit etwas höherem Gras oder einen bewachsenen Waldboden. Außerdem einen Apportiergegenstand bzw. für Hunde, die nicht apportieren, ein größeres Stück Hundekuchen.

So klappt es Zeigen Sie dem Hund sein Spielzeug oder seinen Hundekuchen. Lassen Sie ihn sitzen und gehen Sie ohne ihn am Wegrand entlang, aber noch keine zu weite Strecke.

› Tun Sie nun mehrmals so, als würden Sie den Gegenstand im Gras verstecken. Doch tatsächlich legen Sie ihn nur einmal wirklich auf den Boden. Ihr Hund beobachtet Sie dabei.

› Sie kehren nun zu ihm zurück und gehen mit ihm bei Fuß bis zum Wegrand. Deuten Sie mit dem Arm dorthin, wo der Gegenstand liegt.

› Sagen Sie ganz kurz hintereinander und spannend mehrmals »Such such such« und gehen Sie den Wegrand entlang, während der Hund sucht.

› Er wird sich an Ihnen orientieren und dort suchen, wohin Sie deuten. Entfernt er sich zu weit, dann rufen Sie ihn wieder heran und zeigen ihm erneut den Wegrand. Loben Sie ihn überschwänglich, wenn er den Gegenstand gefunden hat!

› Nach einigem Training lassen Sie auch hier den Hund nicht mehr dabei zusehen, wenn Sie etwas auslegen.

Eine andere Variante ist diese hier: Sie setzen den Hund in eine Wiese oder in den Wald. Nun gehen Sie innerhalb eines Kreises mit nur zwei, drei Metern Durchmesser um ihn herum und tun wieder an verschiedenen Stellen so, als ob Sie Apportel oder Hundekuchen dort verstecken würden. Tatsächlich liegt aber nur an einer Stelle wirklich etwas. Kehren Sie zum Hund zurück und suchen Sie mit ihm auf die gleiche Art und Weise wie oben beschrieben im Kreis. Loben Sie ihn wieder ausgiebig, wenn er etwas gefunden bzw. gebracht hat. Mit zunehmendem Können gehen Sie nach dem Auslegen aus dem Kreis heraus und bleiben ein paar Meter vor dem Hund stehen. Geben Sie jetzt das Suchkommando. Er wird nun selbstständig den Bereich innerhalb des Kreises absuchen.

»Voran« mit Suchen kombinieren

Ist Ihr Hund Profi bei der Voran-Übung (→ Seite 40)? Dann kombinieren Sie die kleine Suche damit. Legen Sie Dummy oder Hundekuchen gut versteckt aus und schicken Sie Ihren Vierbeiner. Sobald er sich in dem Bereich befindet, in dem sein Gegenstand versteckt ist, geben Sie ihm das Signal.

Während der Hund im gezeigten Bereich sucht, sagen Sie »Such« oder geben den Suchenpfiff. So verknüpft er das Suchen mit dem Signal.

Gerüche anzeigen

Bei dieser Übung lernt der Vierbeiner, einen bestimmten Geruch zu suchen und Ihnen anzuzeigen.
Das sollte der Hund können Ihr Vierbeiner sollte eine enge Bindung zu Ihnen haben. Er sollte »Sitz« und/oder »Platz« sowie »Bleib« beherrschen und auf den Clicker konditioniert sein (→ Seite 30).
Das brauchen Sie Ein kleines Glas mit Schraubverschluss, in dem sich ein Teebeutel (zum Beispiel Malvenblüten oder Kamille), Kaffeebohnen oder Ähnliches befindet, und den Clicker.
So klappt es Üben Sie anfangs im Haus oder im Garten. Zunächst lernt der Hund, sich für das Glas mit dem Geruch zu interessieren.

› Öffnen Sie das Glas. Beschäftigen Sie sich ganz spannend und interessiert damit, um das Interesse Ihres Hundes zu wecken.

› Halten Sie ihm dann das offene Glas hin, damit er von sich aus daran schnüffelt. In dem Moment des Schnüffelns clicken Sie. Nun fahren Sie fort, wie auf Seite 31 mit dem Teleskopstift beschrieben. Hat der Hund verstanden, worum es geht, lassen Sie ihn sitzen oder ins Platz legen und stellen das Glas einige Meter weit weg und »spannend« ab.

› Jetzt gehen Sie zum Hund zurück und animieren ihn, zum Glas zu laufen. Ist er dort und schnüffelt daran, gibt es einen »Click«.

› Klappt auch das, verstecken Sie das Glas, lassen ihn dabei aber zusehen. Der Hund sollte das Glas von seinem Standpunkt aus zwar nicht mehr sehen, aber relativ rasch finden können. Dabei gibt es stets, wenn er am Glas schnüffelt, den Click.

› Ihr Vierbeiner ist voller Eifer bei der Sache? Dann machen Sie es schwieriger – das Glas wird nun raffinierter versteckt und der Hund darf dabei nicht zusehen. Auch ein Hörzeichen kommt jetzt dazu, zum Beispiel »Such Beutel«.

› Nun lernt der Hund, sich zu setzen, wenn er den Geruch gefunden hat. Dazu stellen Sie das Glas wieder relativ nahe ab. Schicken Sie den Hund wie gewohnt hin. Ist er dort, sagen Sie »Sitz« oder »Platz« und clickern, sobald er sich setzt. Alternativ können Sie auch zu Ihrem Hund gehen und ihn mit Leckerchen belohnen.

› Dehnen Sie die Entfernung und das Verstecken dann wieder langsam aus, wie oben beschrieben, bis Sie in der »Endstufe« angelangt sind – der Hund schaut nicht zu, und Sie wählen ein schwieriges Versteck weiter entfernt. Ihr Vierbeiner sucht, findet und setzt sich. Gehen Sie stets zu ihm und belohnen Sie ihn.

› Eine anspruchsvolle Variante ist, gleiche Gläser mit verschiedenen Gerüchen auf einer Fläche zu verteilen. Der Hund soll anschließend »seinen« Geruch finden und anzeigen.

› Profis unter den Vierbeinern schaffen noch mehr. Sie zeigen den Geruch an, wenn das Glas nicht mehr sichtbar ist, weil es zum Beispiel hinter der Schranktüre oder draußen unter einem Reisighaufen steht.

Variante für Profis Eine weitere Möglichkeit ist, Ihren Hund den Geruch ohne das Glas suchen zu lassen.

› Dazu verstecken Sie zum Beispiel eine Papierserviette, in die Sie vorher eine Zeit lang Kaffeebohnen oder den Teebeutel eingewickelt hatten. Oder Sie »infizieren« bestimmte Stellen mit dem Geruch. Das kann ein Tischbein sein, draußen eignet sich ein Zaunpfosten oder eine Parkbank. Dafür reiben Sie den Teebeutel oder die Kaffeebohnen kurz an dem jeweiligen Objekt.
Sicher haben Sie noch eine Menge anderer guter Ideen, wie Sie Ihren Hund interessante Gerüche aufspüren lassen können!

Gehorsam nicht vergessen

TIPPS VON DER
HUNDE-EXPERTIN
**Katharina
Schlegl-Kofler**

Wie die Bringspiele sind auch Suchspiele vor allem bei sehr »suchfreudigen« Hunden mit einer hohen Reizlage verbunden. Das sollten Sie als Hundehalter immer berücksichtigen.

KOMMEN UNTER ABLENKUNG Verbinden Sie daher auch das Suchen mit Gehorsam. Rufen Sie den Vierbeiner dazu auch mal während des Suchens zu sich und loben Sie ihn dann ausgiebig. So bleibt das Kommen zu Ihnen auch unter hoher Ablenkung ein Highlight. Denn trotz allen Spaßes sollte er dabei unter Kontrolle sein. Das ist auch für den normalen Alltag nützlich.

WILDFÄHRTE Hat der Hund gelernt, auch in einer derart reizvollen Situation wie beim Suchspiel zu Ihnen zu kommen, wird er das mit größerer Wahrscheinlichkeit auch tun, wenn er etwa Wild gewittert hat.

JE NACH HUNDETYP Einen sehr passionierten Vierbeiner kann man ruhig öfter zu sich rufen. Einen gemächlichen, weniger begeisterten Hund seltener. Er könnte sonst möglicherweise den Spaß am Suchen verlieren.

Fährtensuche

Bei der Fährtensuche halten Sie Ihren Hund an einer langen Leine. Deshalb ist diese Art der Beschäftigung besonders für Vierbeiner geeignet, die man etwa wegen ihres Jagdinstinktes oder aus gesundheitlichen Gründen nicht frei laufen lassen kann. Aber natürlich macht die Suche auch allen anderen Hunden Spaß.

Das sollte der Hund können Auch hier ist, wie immer, Grundgehorsam von Vorteil. Der Hund sollte bei dieser Übung entweder hungrig sein oder ein absolutes Lieblingsspielzeug haben.

Das brauchen Sie Brust- oder Fährtengeschirr, eine etwa 10 Meter lange Suchleine, Futternapf mit Leckerchen oder ein Spielzeug, eventuell ein Stückchen Fleisch.

So klappt es Suchen Sie sich für den Anfang am besten eine nicht ganz frisch gemähte Wiese, also eine, auf der das Gras schon wieder ein paar Zentimeter nachgewachsen ist. Es sollte relativ windstill und nicht heiß sein. Günstig ist es, wenn auf der Wiese etwas Tau liegt. Am besten also im Frühjahr oder im Sommer morgens üben.

› Suchen Sie sich einen Startpunkt aus. Ihr Hund sitzt so angeleint, dass er Ihnen nicht zusehen kann. Markieren Sie diesen Punkt mit einem Stöckchen, das Sie daneben in die Erde stecken. Auf diese Weise wissen Sie genau, wo die Fährte beginnt.

› Nun treten Sie dort einige Male fest hin und her, damit eine deutliche Bodenverwundung entsteht.

› Gehen Sie dann samt Napf oder Spielzeug mit festen, nicht zu großen Schritten 10 oder 20 Meter weit geradeaus.

› Unterwegs lassen Sie bei jedem Schritt ein Leckerchen auf die Fährte fallen. Ans Ende der Fährte stellen Sie den Napf oder legen Sie das Spielzeug. Damit die Fährte nicht durch den Geruch Ihres Rückwegs beeinträchtigt wird, gehen Sie in einem großen Bogen von der Fährte weg zum Hund zurück.

1 DIE FÄHRTE Nachdem Sie mit einem Stöckchen in der Erde den Anfang der Fährte markiert haben, treten Sie dort mehrmals fest hin und her.

2 DER VERLAUF Jetzt gehen Sie mit festen Schritten los und verteilen Leckerchen auf der Fährte, damit der Hund konzentriert suchen muss und nicht lossprescht.

3 ANSETZEN Zeigen Sie dem Hund den Anfang der Fährte. Sobald er nach vorne zieht, geben Sie ihm etwas Leine und gehen los.

› Führen Sie Ihren Hund nun bei Fuß bis zum Startpunkt. Wenn Sie dort angekommen sind, gehen Sie in die Hocke und machen ihn mit sehr interessanter Stimme auf die Fährte aufmerksam.

› Loben Sie ihn, wenn er anfängt zu »schnüffeln«, und sagen Sie dann ein Hörzeichen, zum Beispiel »Such Fährte«. Ist Ihr Vierbeiner auf der Fährte, lassen Sie ihm etwas mehr Leine, aber anfangs nicht viel. So können Sie ihn, sollte er abkommen, rasch wieder auf die richtige Spur bringen.

› Ist Ihr Vierbeiner zu schnell, zeigen Sie ihm die Leckerchen auf der Fährte. Er sollte nicht zu schnell sein, sonst kommen Sie nicht hinterher, und er verliert leicht die Fährte. Am Ende angelangt, findet er seine Belohnung – den Napf oder das Spielzeug. Entweder frisst er also jetzt das Futter, oder Sie spielen mit ihm.

› Sucht der Hund sicher, lassen Sie die Leine lang. Außerdem verlängern Sie die Strecke und bauen den einen oder anderen stumpfen Winkel ein.

› Stimmt auch das Tempo, lassen Sie allmählich die Leckerchen unterwegs weg.

› Für fortgeschrittene Hunde führt die Fährte jetzt über unterschiedliches Gelände, ähnlich den Geländewechseln bei den Bringspielen (→ Seite 36). Lassen Sie die Fährte hin und wieder auch von einer anderen Person auslegen.

› Profis folgen der Fährte nicht gleich nach dem Legen, sondern erst nach einigen Minuten, zunehmend auch später.

Variante für gehorsame Apportierfreaks Ans Ende der Fährte und quer zu dieser (damit der Hund ihn bequem aufnehmen kann) legen Sie den Apportiergegenstand, der Hund darf die Fährte allein absuchen.

› Setzen Sie Ihren Hund mit locker um den Hals gelegter Leine an. Oder ziehen Sie einfach ein Stück

Dieser Hund hat die Fährte allein und gut ausgearbeitet und hat am Ende sein Dummy gefunden. Er wird es nun auf der Fährte zurückbringen.

Seil durch das Halsband und halten Sie jedes Ende mit einer Hand fest. Gehen Sie ein paar Meter mit dem Hund mit. Sobald er auf der Fährte ist, lassen Sie ein Ende der Leine oder des Seils los. Nun ist er frei, und ab geht es!

› Hat der Hund das Apportel gefunden, sollte er es sofort aufnehmen und bringen. Verwenden Sie einen schwereren Apportiergegenstand, zum Beispiel ein Dummy, dann können Sie damit die Fährte legen, indem Sie es an einer Schnur hinter sich herziehen.

› Ganz lecker wird der Geruch für Ihren Hund, wenn Sie das Dummy zuvor mit einer Scheibe Wurst einreiben. Auch bei dieser Fährtenvariante, der »Schleppe«, legen Sie mit zunehmendem Können Ihres Vierbeiners stumpfwinkelige Haken und dehnen die Zeit zwischen dem Legen und dem Ansetzen des Hundes etwas aus.

Erziehung und Kondition

Nicht nur der Hund, auch der Mensch bewegt sich gern draußen. Und da hat er seinen Vierbeiner gern dabei. So stärken beide ihre Kondition und haben Spaß miteinander. Doch neben allem Spaß ist auch Gehorsam wichtig – einerseits zur Sicherheit des Hundes, aber auch aus Rücksicht auf Mitmenschen.

Training mit Spaß für guten Gehorsam

Gerade beim Joggen oder ähnlichen Freizeitgestaltungen kommt es oftmals leicht zu Missverständnissen mit anderen Menschen. Sie fühlen sich gestört oder erschrecken, vor allem, wenn Hunde schnell neben oder vor ihrem Besitzer laufen. Eine gute Erziehung Ihres Hundes hilft daher, solche Konflikte zu vermeiden. Dass der Hund dicht an Ihrer Seite, also bei Fuß läuft, ist in vielen alltäglichen Situationen wichtig. An der Leine gehört es zum Grundprogramm eines jeden Vierbeiners, unangeleint ist es für Profis auch kein Problem. Wenn Sie etwa gerne querfeldein laufen und Ihr Vierbeiner auch in unwegsamem Gebiet bei Fuß bleibt, wird Ihnen so mancher andere Jogger oder Spaziergänger dankbar sein. Außerdem lassen sich auch beim Joggen oder Radfahren ein paar abwechslungsreiche Elemente für Ihren Hund einbauen. So bleiben Mensch und Hund fit und haben Spaß dabei.

Mit Grundgehorsam geht es besser

Nicht nur in der Freizeit, auch im sonstigen Alltag gibt es viele Situationen, in denen ein guter Gehorsam wichtig und nützlich ist. Sind Sie zum Beispiel mit Ihrem Hund auch mal auf einer Treppe unterwegs? Dann ist es praktisch, wenn Ihr Vierbeiner Sie nicht mit Vollgas die Treppe hinunterreißt oder nach oben zerrt. Oder gehört Ihr Hund vielleicht zu den Wasserratten, die auf Durchzug schalten, wenn sie ein Gewässer in der Nase haben? Vorsicht – nicht jedes Gewässer ist für ein Bad geeignet, und nicht an jedem sind Hunde gern gesehen. Da ist es umso wichtiger, dass Ihr Vierbeiner auch in solch heiklen Momenten über guten Grundgehorsam verfügt. Doch keine Sorge: Training dieser Art muss keinesfalls trocken und langweilig sein, sondern kann durchaus viel Spaß machen. Geeignete Ideen finden Sie in diesem Kapitel.

Bei Fuß in verschiedenen Variationen

Immer nur einfach Bei-Fuß-Laufen kann irgendwann etwas langweilig werden. Für Abwechslung sorgen dabei die drei folgenden Variationen, die außerdem die Konzentration fördern und hibbeligen Hunden zu mehr Ruhe verhelfen.

Das sollte der Hund können Er sollte angeleint, bzw. auch unangeleint gut bei Fuß laufen und »Sitz« können.

Das brauchen Sie Für alle Varianten benötigen Sie ein paar Leckerchen und je nach Ausbildungsstand eine Leine.

Bei Fuß auf der Stelle

So klappt es Sie drehen sich in vier Vierteln auf der Stelle einmal im Kreis. Lassen Sie den Vierbeiner dabei dicht an Ihrer Seite sitzen, und zwar auf der, auf der Sie ihn bei Fuß führen. Angenommen, er sitzt an Ihrer linken Seite.

› Sagen Sie »Fuß« und drehen Sie sich nun auf der Stelle (also keinen Bogen gehen) um 90° nach rechts. Der Hund bleibt bei Fuß, steht also auf und geht etwa zwei Schritte mit. Dann lassen Sie ihn wieder sitzen, und er bekommt seine Belohnung.

› Jetzt folgt das nächste Viertel usw., bis Sie wieder in Ihrer Ausgangsposition sind. Anfangs bekommt der Hund nach jedem Viertel ein Häppchen. Weiß

Zu Beginn sitzt der Hund parallel und dicht an Ihrer Seite – hier an der linken.

Nun drehen Sie sich auf der Stelle um 90° nach rechts. Der Hund bleibt dicht bei Fuß und setzt sich nach zwei, drei Schritten wieder.

der Hund später, worum es geht, bekommt er nur noch eines zum Schluss.

Schwieriger wird es so Die Ausgangsposition ist wieder die gleiche. Aber jetzt drehen Sie sich in vier Vierteln links herum. Nun muss Ihr Hund praktisch auf dem Hinterteil etwas zurückrutschen, um bei Fuß zu bleiben.

› Gehen Sie bei beiden Übungen mit dem linken Fuß los.

› Führen Sie Ihren Hund rechts, drehen Sie bei der ersten Variante nach links, bei der schwierigeren nach rechts und beginnen mit dem rechten Bein.

Bei Fuß rückwärts

So klappt es Sie beginnen wieder in der Grundstellung, der Hund sitzt an Ihrer linken Seite.

› Gehen Sie einen Schritt zurück und beginnen Sie mit dem linken Bein. Gleichzeitig sagen Sie »Fuß«. Das Leckerchen halten Sie über den Kopf des Hundes, leicht nach hinten. So motivieren Sie ihn zusätzlich, zurückzugehen bzw. zu rutschen.

› Hat er das verstanden, gehen Sie beim nächsten Mal zwei Schritte zurück, dann drei usw. Der Hund bleibt dann rückwärtsgehend bei Fuß. Bauen Sie die Übung langsam auf und überfordern Sie Ihren Liebling nicht.

Bei Fuß über Hindernisse

So klappt es Ziel der Übung ist neben dem Spaßfaktor, dass Ihr Vierbeiner auch über Treppen oder in unwegsamem Gelände ordentlich bei Fuß bleibt. Als Hindernisse können Sie zunächst zum Beispiel dicke Papprollen (siehe Foto) oder umgedrehte Blumenkästen verwenden, die Ihr Hund vielleicht schon von den Springübungen (→ Seite 22) kennt. Legen Sie einige Hindernisse in ein bis zwei Meter Abstand zueinander auf den Boden. Gehen Sie nun zuerst auf normalem Boden etwas bei Fuß, dann nehmen Sie in normalem Tempo Kurs auf die Hindernisse. Werden Sie nicht zu schnell, damit der Hund konzentriert und bewusst darüber geht.

› Je mehr Rollen am Boden und je näher diese beieinanderliegen, umso mehr muss sich der Hund konzentrieren. Auch langsames Bei-Fuß-Laufen über Hindernisse erfordert seine Konzentration.

› Steigern Sie die Anforderungen nur langsam. Unterwegs nutzen Sie zum Beispiel umgestürzte Baumstämme, höhere Bordsteinkanten, niedrige Mauern und kurze Treppen mit anfangs nur zwei, drei Stufen. Wenn nötig, lassen Sie Ihren Hund anfangs mit Leckerchen vor der Nase bei Fuß gehen, damit er nicht voraus über die Hindernisse springt. Auch steilere Wiesen- und Waldstücke oder Uferböschungen, wo der Hund bergauf und bergab bei Fuß bleiben muss, sind gute Übungsorte.

Auch über Hindernisse hinweg bleibt der Vierbeiner genau bei Fuß. Gehen Sie anfangs nicht zu schnell, damit er bewusst darüber steigen kann.

Beutespiele sinnvoll gestalten

Jegliche Art von »Beute« übt einen starken Reiz auf Hunde aus. Ihr Hund wird an den Beutespielen Spaß haben und etwas Nützliches dabei lernen.

Zerrspiele

Beutespiele festigen die Bindung zum Menschen, vermitteln dem Hund aber auch Regeln. Also mit Maß und Ziel spielen, damit der Hund nicht über die Stränge schlägt.

Das sollte der Hund können Übungen wie »Sitz« und »Platz« sollten ihm vertraut sein. Er sollte außerdem auf ein Hörzeichen (zum Beispiel »Aus« oder »Danke«) Beute loslassen.

Das brauchen Sie Ziehtau oder altes Handtuch, eventuell Leckerchen.

So klappt es Bewegen Sie die Beute ruckartig im Zickzack am Boden entlang, zusätzlich untermalen Sie das mit spannender Stimme.

› Ihr Vierbeiner darf jetzt versuchen, das Spielzeug zu fangen. Je weniger ambitioniert er spielt, umso rascher darf er es erwischen.

› Hat er es, kann man mit ihm ein wenig um die Beute »kämpfen«. Aber bitte mit Gefühl, denn er soll sich nicht knurrend hineinsteigern. Nach etwas Ziehen kommt Ihr Signal, der Vierbeiner sollte jetzt die Beute Ihnen überlassen. Wenn nötig, geben Sie ihm im Austausch ein Leckerchen. Sanfte Hunde dürfen die Beute auch mal behalten.

› Viel Beherrschung des Hundes ist nötig, wenn Sie ihn sitzen oder Platz machen lassen und dann vor ihm die Beute bewegen. Erst auf ein Signal von Ihnen (»Jetzt lauf«) darf er die Beute »jagen«.

Wichtig Zerrspiele sind nicht für Hunde geeignet, die die Autorität ihres Menschen in Frage stellen oder ihm körperlich überlegen sind. Auch wenn der Vierbeiner dazu neigt, Ressourcen zu verteidigen, oder Kampftrieb hat, sollte man diese Art Spiel vermeiden. Sehr sparsam sollte man damit außerdem während des Zahnwechsels sein.

Nachdem der Hund die Erlaubnis bekommen hat, »pflückt« er sich seinen Ball vom Auto ab.

Ruhe für Anspruchsvolle

Ist Ihr Vierbeiner bei allem, was sich bewegt, nicht mehr zu bremsen? Springt er Ihnen fast bis ins Gesicht, sobald Sie einen Ball in der Hand haben? Dann helfen folgende Übungen.

Das sollte der Hund können Bei Fuß, Sitz sowie Bleib sollten sehr zuverlässig funktionieren.

Das brauchen Sie Leine, einige Bälle oder andere interessante Gegenstände sowie einen Helfer.

So klappt es Zunächst üben Sie mit Ihrem Helfer. Stellen Sie sich einander gegenüber, der Hund sitzt angeleint bei Fuß. Nun werfen Sie sich mehrmals einen Ball zu.

› Ihr »Beutegeier« bleibt ruhig neben Ihnen sitzen. Klappt das, gehen Sie mit ihm bei Fuß, während Sie mit einer Hand den Ball immer wieder ein Stück hochwerfen und fangen. Das ist aber nicht alles.

› Lassen Sie den Hund sitzen und stellen Sie sich ihm gegenüber. Werfen Sie nun einen Ball ein kleines Stück neben oder hinter sich. So sind Sie bei einem eventuellen Fehlstart des Hundes auf jeden Fall schneller am Ball. Allmählich werfen Sie die Bälle näher an ihn heran, hinter ihn, neben ihn und über ihn. Ein Helfer sichert sie zunächst ab. Heben Sie alle Bälle selbst auf, nur sehr folgsame Hunde dürfen den letzten ab und zu holen.

Variationen mit ferngesteuertem Auto

Kinder lassen gern ferngesteuerte Autos unter anderem auf Wegen und Spielstraßen fahren. Hat Ihr Kind selbst ein solches Auto, eignet sich das sehr gut zum Üben.

Das sollte der Hund können Der Grundgehorsam sollte sitzen.

Das brauchen Sie Ferngesteuertes Fahrzeug, Leine sowie Leckerchen oder das Lieblingsspielzeug Ihres Vierbeiners.

Passen Sie die Intensität von Zerrspielen Ihrem Hund an. »Sieger« sind meist Sie. Für manche Hunde sind diese Spiele aber ungeeignet.

So klappt es Lassen Sie den Hund zunächst angeleint. Ihr Kind kann nun mit seinem Auto herumfahren, aber noch relativ weit vom Hund entfernt, damit er nicht zu angespannt ist.

› Lassen Sie Ihren Vierbeiner zum Beispiel neben sich sitzen oder ins Platz legen. Oder gehen Sie bei Fuß mit ihm herum.

› Macht er das gut, belohnen Sie ihn mit einem Spiel oder Leckerchen. Je entspannter er wird, umso näher kann das Auto an ihn heranfahren.

Variante für sehr gehorsame Hunde Diese Variante gefällt meiner Hündin. Wir befestigen ihr Plüschtier auf dem Auto, und mein Sohn lässt es herumfahren. Sie macht ein paar Gehorsamsübungen mit mir und muss auch ein paar Minuten nur zusehen und sitzen bleiben. Manchmal darf sie aber zum Schluss dem Auto hinterherlaufen und sich das Spielzeug holen.

Gehorsamsspiele für Wasserratten

Wasser wirkt auf viele Vierbeiner wie ein Magnet. Erst recht, wenn dann noch ein Ball hineinplatscht oder Enten darin schwimmen. Doch Vorsicht – nicht jedes Wasser ist badetauglich, und so mancher Hund begibt sich nicht langsam ins kühle Nass, sondern mit kühnem Sprung. Das kann gefährlich werden. Deshalb ist es wichtig, dass Sie Ihren Wassernarr gegebenenfalls auch noch am Ufer bremsen können. Diese Übungen am Wasser können Sie generell oder auch zunächst ohne »Beute« machen.

Wasser und Beute

Das sollte der Hund können Das Kommen, das Sitzen, Platz, Bleib usw. sollten zuverlässig funktionieren.

Das brauchen Sie Leckerchen, schwimmfähiges Spielzeug sowie die Leine (eine mehrere Meter lange).

So klappt es Befestigen Sie am Dummy oder am Ball mit Schnur ein dünneres langes Seil. Binden Sie das Ende des Seils am Ufer an einem stabilen

Für Wasserratten sehr verlockend – das begehrte Spielzeug treibt auf dem Wasser, aber Frauchen ruft. Unterwegs hat er Spielzeug und Wasser auch noch im Blick.

Busch oder Ähnlichem gut fest. Lassen Sie den Hund angeleint bei Fuß sitzen. Jetzt werfen Sie das Spielzeug, es platscht ins Wasser. Während es nun verlockend auf dem Wasser treibt, bleibt der Vierbeiner neben Ihnen sitzen.

› Nach einer Zeit ziehen Sie das Spielzeug wieder aus dem Wasser, gehen mit dem Hund bei Fuß vom Wasser weg und spielen mit ihm oder geben ihm ein paar Leckerchen. Gehen Sie mit ihm bei Fuß am Ufer entlang hin und her oder auf das Ufer zu und wieder weg. Anfangs bleiben Sie in größerem Abstand zur Wasserkante.

› Lassen Sie ihn ab und zu sitzen oder Platz machen. Oder bauen Sie eine Bleib-Übung ein. Rufen Sie ihn zu sich, wenn er mit dem Rücken zum Wasser sitzt oder auch parallel zum Ufer.

› Das nächste Mal treibt das Spielzeug wieder im Wasser, aber währenddessen machen Sie Gehorsamsübungen. Das wird nun ziemlich schwer, vor allem, wenn Sie den Hund vom Wasser weg oder am Ufer entlang zu sich rufen! Damit der Hund keinen unerwünschten Erfolg hat, halten Sie genügend Abstand zum Ufer oder rufen ihn an der langen Leine. Danach ziehen Sie das Dummy aus dem Wasser.

› Klappt das, hat er sich jetzt wirklich ein ausgelassenes Spiel oder eine ordentliche Portion leckerer Häppchen verdient!

Variante für Apportierprofis Sie werfen zwei Dummys ins Wasser, eines an der langen Schnur, eines ohne. Nun absolvieren Sie wieder Ihr Übungsprogramm und ziehen danach das festgebundene Dummy aus dem Wasser. Wie gewohnt belohnen Sie den Hund jetzt mit Spiel oder Leckerchen an Land. Das zweite Dummy liegt noch im Wasser, ein nächster Übungsteil folgt. War Ihr Vierbeiner auch jetzt gehorsam, darf er nun das zweite Dummy aus dem Wasser holen!

Leckerchen vorsichtig nehmen

TIPPS VON DER HUNDE-EXPERTIN **Katharina Schlegl-Kofler**

Schnappt Ihr Hund nach jedem Leckerchen wie ein Hai? Das muss nicht sein. So lernt er, den Happen vorsichtig zu nehmen:

HAPPEN VOR DIE NASE HALTEN Wenn Ihr Hund danach schnappt, machen Sie die Hand rasch komplett zu, er darf ihn nicht erwischen. Schnuppert er sanft an der Hand oder wartet ruhig, bekommt er ihn. Gleichzeitig sagen Sie zum Beispiel »Vorsichtig«. Sollte er aber wieder zu forsch sein, ist die Hand wieder zu.

GUTES BENEHMEN GEFRAGT Bohrt der Hund mit der Schnauze oder kratzt mit der Pfote danach, gibt es nichts, die Hand bleibt zu. Sobald er sich ruhig verhält und wartet, bekommt er das Leckerchen, Sie sagen dazu wieder »Vorsichtig«.

NICHT WEGZIEHEN Ziehen Sie die Hand aber nicht weg! Das animiert den Hund häufig erst dazu, danach zu schnappen.

EXTRA-TRAINING Trainieren Sie das vorsichtige Nehmen extra. Also nicht, wenn Sie den Hund für eine gelungene Übung belohnen möchten.

Fitness für Mensch und Hund

Mit dem Vierbeiner macht Freizeitsport gleich noch mehr Spaß! Gewöhnen Sie ihn langsam daran und beginnen Sie erst, wenn er mindestens 9 oder 10 Monate alt ist. Ein paar Übungen zwischendurch bringen genügend Abwechslung.

Joggen und Nordic Walken

Das sollte der Hund können Bei Fuß – auch über Hindernisse, Sitz, Bleib, Hier.

Das brauchen Sie Leine, Leckerchen.

So klappt es Lassen Sie Ihren Vierbeiner bei Fuß laufen und joggen Sie zum Beispiel in Schlangenlinien oder im Kreis.

› Nun lassen Sie ihn aus der Bewegung sitzen (eventuell das Tempo etwas verlangsamen), während Sie sich weiter bewegen. In einiger Entfernung, je nach Können des Hundes, rufen Sie ihn zu sich. Ihr Vierbeiner wird dabei mächtig Gas geben! Belohnen nicht vergessen.

Sind Sie »geländegängig«? Dann können Sie mit Ihrem Hund auch über dünnere Baumstämme joggen oder walken – und er bleibt dabei schön bei Fuß.

› Möchten Sie beim Nordic Walken mal eine Pause einlegen? Dann könnten Sie zum Beispiel die Stöcke in weichen Untergrund stecken und den Hund einen Minislalom laufen lassen. Oder Sie legen sie über zwei Baumstümpfe, und schon haben Sie eine kleine Hürde.

Sind Sie manchmal auf einem Trimmpfad unterwegs? Auch hier bietet sich die eine oder andere Station für Geschicklichkeitsübungen des Vierbeiners an. Aber bitte nur, wenn kein anderer Freizeitsportler dadurch behindert wird.

Radfahren

Das sollte der Hund können Bei Fuß, Sitz.

Das brauchen Sie Leine, Leckerchen.

So klappt es Am Fahrrad läuft der Hund am besten rechts. Üben Sie das wie bei Fuß, aber mit einem neuen Hörzeichen (zum Beispiel »Rad«), falls Sie ihn auf der linken Seite bei Fuß führen. Zunächst schieben Sie das Fahrrad dabei.

› Hat der Hund verstanden, worum es geht, beginnen Sie zu fahren. Halten Sie die Leine aber nur locker fest. Auf Feldwegen kann Ihr Hund auch frei mitlaufen.

Tipp Die Übungen, die Sie beim Joggen und Nordic Walken einbauen können, lassen sich auch mit dem Fahrrad machen.

Als Begleiter am Rad eignen sich nicht zu schwere, mindestens mittelgroße Hunde. Der Vierbeiner sollte höchstens in lockerem Trab nebenher laufen.

Die wichtigsten Regeln für Spiel und Spaß

Wenn Sie beim Spielen und Erziehen ein paar wichtige Punkte beachten, dann steht dem gemeinsamen Spaß mit Ihrem Vierbeiner nichts mehr im Wege. In den untenstehenden Spalten finden Sie eine Übersicht darüber, was Ihrem Hund gut tut und was nicht.

Tut gut

+ Sorgen Sie tagsüber für Zeiten, in denen sich niemand mit dem Hund beschäftigt. Er muss auch Ruhe lernen, Daueranimation macht nervos.

+ Enthält ein Spiel Gehorsamsübungen, dann verlangen Sie keine öfter als zweimal nacheinander. Das wird sonst langweilig und nimmt den Spaß.

+ Für bewegungsintensive Spiele ist Wald- und Wiesenboden gut geeignet. Er gibt nach und schont dadurch Bänder und Gelenke Ihres Vierbeiners.

+ Viele Spielideen können Sie zusammen mit anderen Hundehaltern ausprobieren. Wenn ein Hund zuschauen muss, ist das eine nützliche Übung.

Besser nicht

− Werfen Sie nicht eine »Beute« für mehrere Hunde. Möchte einer der Hunde Ball oder Dummy verteidigen, kann es zu Beißereien kommen.

− Ebenso ist es mit Belohnungshäppchen. Geben Sie diese nicht mehreren Hunden gleichzeitig. Aus Futterneid kann es auch hier zu Keilereien kommen.

− Nehmen Sie keine Steine zum Spielen. Erstens kann der Hund sie verschlucken, zweitens schleifen sich durch das Tragen oder Fangen die Zähne ab.

− Hundehäufchen bringen Ärger. Entfernen Sie bei Beschäftigungen draußen eventuelle »Malheurs« von Wegen oder landwirtschaftlich genutzten Wiesen.

Die Inhalte dieses Buches beziehen sich auf die Bestimmungen des deutschen Tier- bzw. Artenschutzes. In anderen Ländern können die Angaben abweichend sein. Erkundigen Sie sich daher im Zweifelsfall bei Ihrem Zoofachhändler oder bei der entsprechenden Behörde.

Verbände/Vereine

› Fédération Cynologique Internationale (FCI), Place Albert 1er, 13, B-6530 Thuin/Belgique, www.fci.be
› Verband für das Deutsche Hundewesen (VDH) e. V., Westfalendamm 174, 44141 Dortmund, www.vdh.de
› Österreichischer Kynologenverband (ÖKV), Siegfried Marcus-Straße 7, A-2362 Biedermannsdorf, www.oekv.at
› Schweizerische Kynologische

Wichtiger Hinweis

› **Haltung** Die Haltungsregeln dieses Ratgebers beziehen sich auf normal entwickelte Jungtiere aus guter Zucht, also auf gesunde, charakterlich einwandfreie Tiere.

› **Versicherung** Auch gut erzogene und sorgfältig beaufsichtigte Hunde können Schäden an fremdem Eigentum anrichten oder gar Unfälle verursachen. Der Abschluss einer Hundehaftpflichtversicherung ist in jedem Fall dringend zu empfehlen.

› **Allergien** Menschen mit Tierhaar-Allergien sollten vor Anschaffung eines Hundes ihren Arzt befragen.

Gesellschaft (SKG/SCS), Postfach 8276, CH-3007 Bern, www.skg.ch
Anschriften von Hundeclubs und -vereinen können Sie bei vorgenannten Verbänden erfragen.

› Deutscher Hundesportverband e. V., Ennertsweg 51, 58675 Hemer, www.dhv-hundesport.de
› Interessengemeinschaft Deutscher Hundehalter e. V., Auguststraße 5, 22085 Hamburg
› Deutscher Tierschutzbund e. V., Baumschulallee 15, 53115 Bonn, www.tierschutzbund.de

Fragen zur Haltung

beantworten Ihr Zoofachhändler und der Zentralverband Zoologischer Fachbetriebe Deutschlands e. V. (ZZF), Tel. 06 11/44 75 53 32 (nur telefonische Auskunft möglich: Mo 12–16 Uhr, Do 8–12 Uhr), www.zzf.de

Adressen im Internet

› www.hunde.com (Infos rund um den Hund)
› www.hundeadressen.de (Infos zu Sport, Erziehung und Ausbildung, Züchteradressen)
› www.thmev.de (Tiere helfen Menschen e. V.)
› www.hundezeitung.de (Infos über Hunde)
› www.ferien-mit-hund.de (Infos über den Urlaub mit Hund)
› www.hallohund.de (Infos rund um den Hund)

Registrierung von Hunden

› TASSO-Haustierzentralregister e. V., 65784 Hattersheim, www.tasso.net

Bücher

› Bloch, G.: Der Wolf im Hundepelz. Franckh-Kosmos, Stuttgart
› Feddersen-Petersen, D.: Hundepsychologie. Franckh-Kosmos, Stuttgart
› Hegewald-Kawich, H.: Hunderassen von A bis Z. Gräfe und Unzer, München
› Schlegl-Kofler, K.; Hunde Erziehungs-Box. Gräfe und Unzer, München
› Schlegl-Kofler, K.: Das große GU Praxishandbuch Hunde-Erziehung. Gräfe und Unzer, München
› Schlegl-Kofler, K.: Mein Heimtier: Mein Hund. Gräfe und Unzer, München
› Schlegl-Kofler, K.: Hundesprache richtig deuten & verstehen. Gräfe und Unzer, München
› Trumler, E.: Mit dem Hund auf du. Piper Verlag, München

Zeitschriften

› Der Hund. Deutscher Bauernverlag GmbH, Berlin
› Unser Rassehund. Herausgegeben vom Verband für das Deutsche Hundewesen e. V. (→ Adressen)
› Partner Hund. Gong Verlag, Ismaning
› Das Deutsche Hundemagazin. Gong Verlag, Ismaning
› dogs. Gruner + Jahr, Hamburg
› Hundewelt. Minerva-Verlag GmbH, Mönchengladbach

Freude am Tier

Die neuen Tierratgeber – da steckt mehr drin

ISBN 978-3-8338-1195-1
64 Seiten

ISBN 978-3-8338-0523-3
64 Seiten

ISBN 978-3-7742-1604-4
64 Seiten

ISBN 978-3-8338-1932-2
64 Seiten

ISBN 978-3-8338-1197-5
64 Seiten

ISBN 978-3-8338-0184-6
64 Seiten

Änderungen und Irrtum vorbehalten.

Das macht sie so besonders:

Praxiswissen kompakt – vermittelt von GU-Tierexperten

Praktische Klappen – alle Infos auf einen Blick

Die 10 GU-Erfolgstipps – so fühlt sich Ihr Tier wohl

Willkommen im Leben.

Unsere Garantie

Alle Informationen in diesem Ratgeber sind sorgfältig und gewissenhaft geprüft. Sollte dennoch einmal ein Fehler enthalten sein, schicken Sie uns das Buch mit dem entsprechenden Hinweis an unseren Leserservice zurück. Wir tauschen Ihnen den GU-Ratgeber gegen einen anderen zum gleichen oder ähnlichen Thema um.

Liebe Leserin und lieber Leser,

wir freuen uns, dass Sie sich für ein GU-Buch entschieden haben. Mit Ihrem Kauf setzen Sie auf die Qualität, Kompetenz und Aktualität unserer Ratgeber. Dafür sagen wir Danke! Wir wollen als führender Ratgeberverlag noch besser werden. Daher ist uns Ihre Meinung wichtig. Bitte senden Sie uns Ihre Anregungen, Ihre Kritik oder Ihr Lob zu unseren Büchern. Haben Sie Fragen oder benötigen Sie weiteren Rat zum Thema? Wir freuen uns auf Ihre Nachricht!

Wir sind für Sie da!
Montag – Donnerstag: 8.00 – 18.00 Uhr;
Freitag: 8.00 – 16.00 Uhr *(0,14 €/Min. aus
dem dt. Festnetz/
Mobilfunkpreise
Tel.: 0180 - 5 00 50 54*
Fax: 0180 - 5 01 20 54* maximal 0,42 €/Min.)
E-Mail:
leserservice@graefe-und-unzer.de

P.S.: Wollen Sie noch mehr Aktuelles von GU wissen, dann abonnieren Sie doch unseren kostenlosen GU-Online-Newsletter und/oder unsere kostenlosen Kundenmagazine.

GRÄFE UND UNZER VERLAG
Leserservice
Postfach 86 03 13
81630 München

Projektleitung: Luise Heine
Lektorat: Martina Gorgas
Bildredaktion: Petra Ender, Alexandra Dimitrijevic (Cover)
Umschlaggestaltung und Layout: independent Medien-Design, Horst Moser, München
Herstellung: Claudia Labahn
Satz: h3a GmbH, München
Reproduktion: Longo AG, Bozen
Druck: Firmengruppe APPL, aprinta druck, Wemding
Bindung: Firmengruppe APPL, sellier druck, Freising

Printed in Germany

ISBN 978-3-7742-8837-9

2. Auflage 2010

Die Autorin

Katharina Schlegl-Kofler – erfahrene Hundetrainerin und anerkannte Expertin in Sachen artgerechter Hundehaltung – beschäftigt sich schon lange intensiv mit den Vierbeinern und ihrem Verhalten. In ihrer Hundeschule, die sie seit vielen Jahren hat, finden Hundehalter tatkräftige Hilfe. Ihre eigenen Hunde führt sie erfolgreich auf Apportier-Prüfungen.

Der Fotograf

Oliver Giel hat sich auf Natur- und Tierfotografie spezialisiert und betreut mit seiner Lebensgefährtin Eva Scherer Bildproduktionen für Bücher, Zeitschriften, Kalender und Werbung. Mehr über sein Fotostudio finden Sie unter www.tierfotograf.com.

Bildnachweis

Alle Fotos in diesem Buch stammen von Oliver Giel mit Ausnahme von:
Sigrid Starick: 7; **Animals-Digital/** Thomas Brodmann: 26-1

Syndication:
www.jalag-syndication.de

GRÄFE UND UNZER

Ein Unternehmen der
GANSKE VERLAGSGRUPPE